# Zahlentafeln der Seigerteufen und Sohlen

bezw. zur Berechnung der Katheten eines
rechtwinkligen Dreieckes aus der Hypothenuse
und einem Winkel

Nebst einem Anhang
für die Verwandlung von Stunden in Grade

Von

**Dr. L. Mintrop**
Markscheider, ord. Lehrer an der Bergschule
zu Bochum

Fünfte Auflage

Springer-Verlag Berlin Heidelberg GmbH
1921

Alle Rechte vorbehalten.

ISBN 978-3-662-31743-3        ISBN 978-3-662-32569-8 (eBook)
DOI 10.1007/978-3-662-32569-8

## Vorwort zur zweiten Auflage.

Wie in der vor zwei Jahren erschienenen ersten Auflage einleitend bemerkt wurde, sind die vorliegenden Zahlentafeln der Seigerteufen und Sohlen in dem Bestreben entstanden, ein einfaches, den praktischen Bedürfnissen gerade genügendes Rechenhilfsmittel zu bieten. Insbesondere sollte durch die Beschränkung auf zwei Dezimalstellen die Genauigkeit der Rechnung in ein zweckmässiges Verhältnis zur Genauigkeit der Messung gesetzt werden. Der durch diese Kürzung hervorgerufene Abrundungsfehler in den Seigerteufen und Sohlen beträgt bei einer flachen Länge von 10 m im ungünstigsten Falle $\pm \, ^1/_2$ cm, bei grösseren Längen $\pm$ 1 cm. Demgegenüber sind die unvermeidlichen Längenmessfehler bei den gebräuchlichen Grubenmessketten auf wenigstens 1—2 cm, bei grösseren Längen entsprechend grösser zu veranschlagen. Berücksichtigt man ferner, dass die praktisch nur höchst selten erreichbare Genauigkeit des Neigungswinkels von $\pm \, ^1/_{10}{}^0$ bei einer flachen Länge von 10 m je nach der Grösse des Neigungswinkels einen Fehler der Seigerteufen und Sohlen von 0 bis 17 mm hervorruft, so erscheint die Kürzung auf nur zwei Dezimalstellen gerechtfertigt. Neben einer grossen Zeitersparnis, die durch die Beschränkung auf zwei Stellen erzielt wird, hat sich beim Gebrauch der Zahlentafeln im Unterricht eine wesentlich grössere Sicherheit der Rechnung ergeben, als es bei den mehrstelligen Tafeln der Fall gewesen ist. Die günstige Aufnahme, welche das Büchlein auch ausserhalb des Kreises der Bergschulen gefunden hat, möge ein Beweis sein für seine allgemeine praktische Brauchbarkeit, insbesondere auch bei der Berechnung von Nachtragungsmessungen.

Zu der bereits in der ersten Auflage als Anhang beigegebenen Zahlentafel zur Verwandlung von Stunden in Grade bezw. Graden in Stunden ist eine kleine Tabelle gekommen, welche angibt, um wieviel bei einem bestimmten Fallwinkel die flache Bauhöhe grösser ist als der söhlige und seigere Abstand zweier streichenden Strecken. Die Zahlentafel erspart in vielen Fällen die Zeichnung eines Profiles oder eine trigonometrische Berechnung und gestattet z. B. die flache Bauhöhe zwischen zwei Strecken zu ermitteln, die im Grund- oder Seigerriss der Grubenbilder dargestellt sind.

**Bochum,** im August 1912.

Mintrop.

# Anleitung zum Gebrauch der Zahlentafeln.

Der Gebrauch der Zahlentafeln wird am besten durch einige Beispiele erläutert.

*1. Beispiel:*

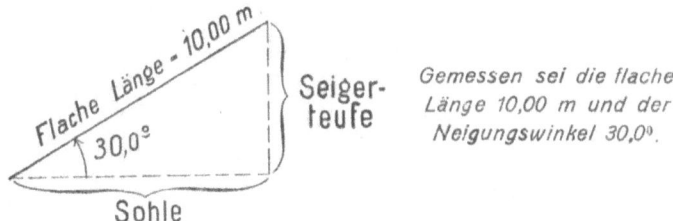

Gemessen sei die flache Länge 10,00 m und der Neigungswinkel 30,0⁰.

In diesem Falle gibt die Zahlentafel die gesuchten Seigerteufen und Sohlen unmittelbar an und zwar:

Auf Seite 13 die Seigerteufe = 5,00 m,
auf Seite 14 die Sohle = 8,66 m.

*2. Beispiel:*

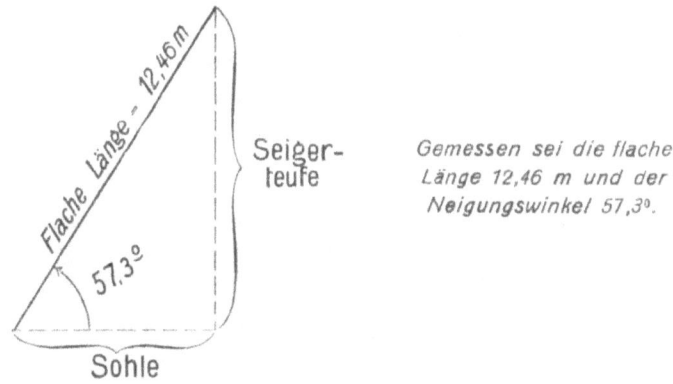

Gemessen sei die flache Länge 12,46 m und der Neigungswinkel 57,3⁰.

In diesem Falle muss die flache Länge in die Summe der Teillängen 10 m + 2 m + 0,4 m + 0,06 m zerlegt werden.

Für die einzelnen Teillängen ergibt sich die gesuchte Seigerteufe nach Seite 23 aus folgender Summierung:

| Für 10 m | 8,42 m |
|---|---|
| „ 2 „ | 1,68 „ |
| „ 0,4 „ | 0,337 „ |
| „ 0,06 „ | 0,0505 „ |
| für 12,46 m | 10,4875 m oder abgerundet 10,49 m. |

Nach Seite 24 erhält man in derselben Weise für die Sohle:

5,50 m
1,08 „
0,216 „
0,0324 „
6,7284 m oder abgerundet 6,73 m.

**Umkehrung:** Aus bekannter Seigerteufe oder Sohle und Neigungswinkel die flache Länge zu bestimmen.

Beispiel: Gegeben sei die Seigerteufe von 10 m und der Neigungswinkel 30⁰.

Nach Seite 13 gehört zu einer Seigerteufe von 5 m eine flache Länge von 10 m, also zu 10 m eine flache Länge von 20 m.

Sind die Sohle 10 m und der Neigungswinkel 30⁰ gegeben, so gestaltet sich die Rechnung wie folgt:

Nach Seite 14 gehört zu einer Sohle von
0,87 m eine flache Länge von 1,00 m
also zu 10 „    „    „    „    „ $\frac{10}{0,87} = 11,5$ m

In den meisten praktischen Fällen, z. B. bei Kohlenberechnungen, wird man die Rechnung nur bis m, höchstens aber bis dm treiben und die letzten Stellen vernachlässigen. (Siehe auch die Zahlentafel auf Seite 37.)

Zahlentafeln

| Nei-gungs-winkel Grad | Flache Länge |||||||||| 
|---|---|---|---|---|---|---|---|---|---|---|
| | 1 m | 2 m | 3 m | 4 m | 5 m | 6 m | 7 m | 8 m | 9 m | 10 m |
| | Seigerteufe in Metern ||||||||||
| 0,0 | 0,00 | 0,00 | 0,00 | 0,00 | 0,00 | 0,00 | 0,00 | 0,00 | 0,00 | 0,00 |
| 1 | 0,00 | 0,00 | 0,01 | 0,01 | 0,01 | 0,01 | 0,01 | 0,01 | 0,02 | 0,02 |
| 2 | 0,00 | 0,01 | 0,01 | 0,01 | 0,02 | 0,02 | 0,02 | 0,03 | 0,03 | 0,03 |
| 3 | 0,01 | 0,01 | 0,02 | 0,02 | 0,03 | 0,03 | 0,04 | 0,04 | 0,05 | 0,05 |
| 4 | 0,01 | 0,01 | 0,02 | 0,03 | 0,03 | 0,04 | 0,05 | 0,06 | 0,06 | 0,07 |
| 5 | 0,01 | 0,02 | 0,03 | 0,03 | 0,04 | 0,05 | 0,06 | 0,07 | 0,08 | 0,09 |
| 6 | 0,01 | 0,02 | 0,03 | 0,04 | 0,05 | 0,06 | 0,07 | 0,08 | 0,09 | 0,10 |
| 7 | 0,01 | 0,02 | 0,04 | 0,05 | 0,06 | 0,07 | 0,09 | 0,10 | 0,11 | 0,12 |
| 8 | 0,01 | 0,03 | 0,04 | 0,06 | 0,07 | 0,08 | 0,10 | 0,11 | 0,13 | 0,14 |
| 9 | 0,02 | 0,03 | 0,05 | 0,06 | 0,08 | 0,09 | 0,11 | 0,13 | 0,14 | 0,16 |
| 1,0 | 0,02 | 0,03 | 0,05 | 0,07 | 0,09 | 0,10 | 0,12 | 0,14 | 0,16 | 0,17 |
| 1 | 0,02 | 0,04 | 0,06 | 0,08 | 0,10 | 0,12 | 0,13 | 0,15 | 0,17 | 0,19 |
| 2 | 0,02 | 0,04 | 0,06 | 0,08 | 0,10 | 0,13 | 0,15 | 0,17 | 0,19 | 0,21 |
| 3 | 0,02 | 0,05 | 0,07 | 0,09 | 0,11 | 0,14 | 0,16 | 0,18 | 0,20 | 0,23 |
| 4 | 0,02 | 0,05 | 0,07 | 0,10 | 0,12 | 0,15 | 0,17 | 0,20 | 0,22 | 0,24 |
| 5 | 0,03 | 0,05 | 0,08 | 0,10 | 0,13 | 0,16 | 0,18 | 0,21 | 0,24 | 0,26 |
| 6 | 0,03 | 0,06 | 0,08 | 0,11 | 0,14 | 0,17 | 0,20 | 0,22 | 0,25 | 0,28 |
| 7 | 0,03 | 0,06 | 0,09 | 0,12 | 0,15 | 0,18 | 0,21 | 0,24 | 0,27 | 0,30 |
| 8 | 0,03 | 0,06 | 0,09 | 0,13 | 0,16 | 0,19 | 0,22 | 0,25 | 0,28 | 0,31 |
| 9 | 0,03 | 0,07 | 0,10 | 0,13 | 0,17 | 0,20 | 0,23 | 0,27 | 0,30 | 0,33 |
| 2,0 | 0,03 | 0,07 | 0,10 | 0,14 | 0,17 | 0,21 | 0,24 | 0,28 | 0,31 | 0,35 |
| 1 | 0,04 | 0,07 | 0,11 | 0,15 | 0,18 | 0,22 | 0,26 | 0,29 | 0,33 | 0,37 |
| 2 | 0,04 | 0,08 | 0,12 | 0,15 | 0,19 | 0,23 | 0,27 | 0,31 | 0,35 | 0,38 |
| 3 | 0,04 | 0,08 | 0,12 | 0,16 | 0,20 | 0,24 | 0,28 | 0,32 | 0,36 | 0,40 |
| 4 | 0,04 | 0,08 | 0,13 | 0,17 | 0,21 | 0,25 | 0,29 | 0,34 | 0,38 | 0,42 |
| 5 | 0,04 | 0,09 | 0,13 | 0,17 | 0,22 | 0,26 | 0,31 | 0,35 | 0,39 | 0,44 |
| 6 | 0,05 | 0,09 | 0,14 | 0,18 | 0,23 | 0,27 | 0,32 | 0,36 | 0,41 | 0,45 |
| 7 | 0,05 | 0,09 | 0,14 | 0,19 | 0,24 | 0,28 | 0,33 | 0,38 | 0,42 | 0,47 |
| 8 | 0,05 | 0,10 | 0,15 | 0,20 | 0,24 | 0,29 | 0,34 | 0,39 | 0,44 | 0,49 |
| 9 | 0,05 | 0,10 | 0,15 | 0,20 | 0,25 | 0,30 | 0,35 | 0,40 | 0,46 | 0,51 |
| 3,0 | 0,05 | 0,10 | 0,16 | 0,21 | 0,26 | 0,31 | 0,37 | 0,42 | 0,47 | 0,52 |
| 1 | 0,05 | 0,11 | 0,16 | 0,22 | 0,27 | 0,32 | 0,38 | 0,43 | 0,49 | 0,54 |
| 2 | 0,06 | 0,11 | 0,17 | 0,22 | 0,28 | 0,33 | 0,39 | 0,45 | 0,50 | 0,56 |
| 3 | 0,06 | 0,12 | 0,17 | 0,23 | 0,29 | 0,35 | 0,40 | 0,46 | 0,52 | 0,58 |
| 4 | 0,06 | 0,12 | 0,18 | 0,24 | 0,30 | 0,36 | 0,42 | 0,47 | 0,53 | 0,59 |
| 5 | 0,06 | 0,12 | 0,18 | 0,24 | 0,31 | 0,37 | 0,43 | 0,49 | 0,55 | 0,61 |
| 6 | 0,06 | 0,13 | 0,19 | 0,25 | 0,31 | 0,38 | 0,44 | 0,50 | 0,57 | 0,63 |
| 7 | 0,06 | 0,13 | 0,19 | 0,26 | 0,32 | 0,39 | 0,45 | 0,52 | 0,58 | 0,65 |
| 8 | 0,07 | 0,13 | 0,20 | 0,27 | 0,33 | 0,40 | 0,46 | 0,53 | 0,60 | 0,66 |
| 9 | 0,07 | 0,14 | 0,20 | 0,27 | 0,34 | 0,41 | 0,48 | 0,54 | 0,61 | 0,68 |
| 4,0 | 0,07 | 0,14 | 0,21 | 0,28 | 0,35 | 0,42 | 0,49 | 0,56 | 0,63 | 0,70 |
| 1 | 0,07 | 0,14 | 0,21 | 0,29 | 0,36 | 0,43 | 0,50 | 0,57 | 0,64 | 0,71 |
| 2 | 0,07 | 0,15 | 0,22 | 0,29 | 0,37 | 0,44 | 0,51 | 0,59 | 0,66 | 0,73 |
| 3 | 0,07 | 0,15 | 0,22 | 0,30 | 0,37 | 0,45 | 0,52 | 0,60 | 0,67 | 0,75 |
| 4 | 0,08 | 0,15 | 0,23 | 0,31 | 0,38 | 0,46 | 0,54 | 0,61 | 0,69 | 0,77 |
| 5 | 0,08 | 0,16 | 0,24 | 0,31 | 0,39 | 0,47 | 0,55 | 0,63 | 0,71 | 0,78 |
| 6 | 0,08 | 0,16 | 0,24 | 0,32 | 0,40 | 0,48 | 0,56 | 0,64 | 0,72 | 0,80 |
| 7 | 0,08 | 0,16 | 0,25 | 0,33 | 0,41 | 0,49 | 0,57 | 0,66 | 0,74 | 0,82 |
| 8 | 0,08 | 0,17 | 0,25 | 0,33 | 0,42 | 0,50 | 0,59 | 0,67 | 0,75 | 0,84 |
| 9 | 0,09 | 0,17 | 0,26 | 0,34 | 0,43 | 0,51 | 0,60 | 0,68 | 0,77 | 0,85 |

| Nei-gungs-winkel Grad | Flache Länge ||||||||||
|---|---|---|---|---|---|---|---|---|---|
| | 1 m | 2 m | 3 m | 4 m | 5 m | 6 m | 7 m | 8 m | 9 m | 10 m |
| | Sohle in Metern ||||||||||
| 0,0 | 1,00 | 2,00 | 3,00 | 4,00 | 5,00 | 6,00 | 7,00 | 8,00 | 9,00 | 10,00 |
| 1 | 1,00 | 2,00 | 3,00 | 4,00 | 5,00 | 6,00 | 7,00 | 8,00 | 9,00 | 10,00 |
| 2 | 1,00 | 2,00 | 3,00 | 4,00 | 5,00 | 6,00 | 7,00 | 8,00 | 9,00 | 10,00 |
| 3 | 1,00 | 2,00 | 3,00 | 4,00 | 5,00 | 6,00 | 7,00 | 8,00 | 9,00 | 10,00 |
| 4 | 1,00 | 2,00 | 3,00 | 4,00 | 5,00 | 6,00 | 7,00 | 8,00 | 9,00 | 10,00 |
| 5 | 1,00 | 2,00 | 3,00 | 4,00 | 5,00 | 6,00 | 7,00 | 8,00 | 9,00 | 10,00 |
| 6 | 1,00 | 2,00 | 3,00 | 4,00 | 5,00 | 6,00 | 7,00 | 8,00 | 9,00 | 10,00 |
| 7 | 1,00 | 2,00 | 3,00 | 4,00 | 5,00 | 6,00 | 7,00 | 8,00 | 9,00 | 10,00 |
| 8 | 1,00 | 2,00 | 3,00 | 4,00 | 5,00 | 6,00 | 7,00 | 8,00 | 9,00 | 10,00 |
| 9 | 1,00 | 2,00 | 3,00 | 4,00 | 5,00 | 6,00 | 7,00 | 8,00 | 9,00 | 10,00 |
| 1,0 | 1,00 | 2,00 | 3,00 | 4,00 | 5,00 | 6,00 | 7,00 | 8,00 | 9,00 | 10,00 |
| 1 | 1,00 | 2,00 | 3,00 | 4,00 | 5,00 | 6,00 | 7,00 | 8,00 | 9,00 | 10,00 |
| 2 | 1,00 | 2,00 | 3,00 | 4,00 | 5,00 | 6,00 | 7,00 | 8,00 | 9,00 | 10,00 |
| 3 | 1,00 | 2,00 | 3,00 | 4,00 | 5,00 | 6,00 | 7,00 | 8,00 | 9,00 | 10,00 |
| 4 | 1,00 | 2,00 | 3,00 | 4,00 | 5,00 | 6,00 | 7,00 | 8,00 | 9,00 | 10,00 |
| 5 | 1,00 | 2,00 | 3,00 | 4,00 | 5,00 | 6,00 | 7,00 | 8,00 | 9,00 | 10,00 |
| 6 | 1,00 | 2,00 | 3,00 | 4,00 | 5,00 | 6,00 | 7,00 | 8,00 | 9,00 | 10,00 |
| 7 | 1,00 | 2,00 | 3,00 | 4,00 | 5,00 | 6,00 | 7,00 | 8,00 | 9,00 | 10,00 |
| 8 | 1,00 | 2,00 | 3,00 | 4,00 | 5,00 | 6,00 | 7,00 | 8,00 | 9,00 | 10,00 |
| 9 | 1,00 | 2,00 | 3,00 | 4,00 | 5,00 | 6,00 | 7,00 | 8,00 | 9,00 | 9,99 |
| 2,0 | 1,00 | 2,00 | 3,00 | 4,00 | 5,00 | 6,00 | 7,00 | 8,00 | 8,99 | 9,99 |
| 1 | 1,00 | 2,00 | 3,00 | 4,00 | 5,00 | 6,00 | 7,00 | 7,99 | 8,99 | 9,99 |
| 2 | 1,00 | 2,00 | 3,00 | 4,00 | 5,00 | 6,00 | 6,99 | 7,99 | 8,99 | 9,99 |
| 3 | 1,00 | 2,00 | 3,00 | 4,00 | 5,00 | 6,00 | 6,99 | 7,99 | 8,99 | 9,99 |
| 4 | 1,00 | 2,00 | 3,00 | 4,00 | 5,00 | 5,99 | 6,99 | 7,99 | 8,99 | 9,99 |
| 5 | 1,00 | 2,00 | 3,00 | 4,00 | 5,00 | 5,99 | 6,99 | 7,99 | 8,99 | 9,99 |
| 6 | 1,00 | 2,00 | 3,00 | 4,00 | 4,99 | 5,99 | 6,99 | 7,99 | 8,99 | 9,99 |
| 7 | 1,00 | 2,00 | 3,00 | 4,00 | 4,99 | 5,99 | 6,99 | 7,99 | 8,99 | 9,99 |
| 8 | 1,00 | 2,00 | 3,00 | 4,00 | 4,99 | 5,99 | 6,99 | 7,99 | 8,99 | 9,99 |
| 9 | 1,00 | 2,00 | 3,00 | 3,99 | 4,99 | 5,99 | 6,99 | 7,99 | 8,99 | 9,99 |
| 3,0 | 1,00 | 2,00 | 3,00 | 3,99 | 4,99 | 5,99 | 6,99 | 7,99 | 8,99 | 9,99 |
| 1 | 1,00 | 2,00 | 3,00 | 3,99 | 4,99 | 5,99 | 6,99 | 7,99 | 8,99 | 9,99 |
| 2 | 1,00 | 2,00 | 3,00 | 3,99 | 4,99 | 5,99 | 6,99 | 7,99 | 8,99 | 9,98 |
| 3 | 1,00 | 2,00 | 3,00 | 3,99 | 4,99 | 5,99 | 6,99 | 7,99 | 8,99 | 9,98 |
| 4 | 1,00 | 2,00 | 2,99 | 3,99 | 4,99 | 5,99 | 6,99 | 7,99 | 8,98 | 9,98 |
| 5 | 1,00 | 2,00 | 2,99 | 3,99 | 4,99 | 5,99 | 6,99 | 7,99 | 8,98 | 9,98 |
| 6 | 1,00 | 2,00 | 2,99 | 3,99 | 4,99 | 5,99 | 6,99 | 7,98 | 8,98 | 9,98 |
| 7 | 1,00 | 2,00 | 2,99 | 3,99 | 4,99 | 5,99 | 6,99 | 7,98 | 8,98 | 9,98 |
| 8 | 1,00 | 2,00 | 2,99 | 3,99 | 4,99 | 5,99 | 6,98 | 7,98 | 8,98 | 9,98 |
| 9 | 1,00 | 2,00 | 2,99 | 3,99 | 4,99 | 5,99 | 6,98 | 7,98 | 8,98 | 9,98 |
| 4,0 | 1,00 | 2,00 | 2,99 | 3,99 | 4,99 | 5,99 | 6,98 | 7,98 | 8,98 | 9,98 |
| 1 | 1,00 | 1,99 | 2,99 | 3,99 | 4,99 | 5,98 | 6,98 | 7,98 | 8,98 | 9,97 |
| 2 | 1,00 | 1,99 | 2,99 | 3,99 | 4,99 | 5,98 | 6,98 | 7,98 | 8,98 | 9,97 |
| 3 | 1,00 | 1,99 | 2,99 | 3,99 | 4,99 | 5,98 | 6,98 | 7,98 | 8,97 | 9,97 |
| 4 | 1,00 | 1,99 | 2,99 | 3,99 | 4,99 | 5,98 | 6,98 | 7,98 | 8,97 | 9,97 |
| 5 | 1,00 | 1,99 | 2,99 | 3,99 | 4,98 | 5,98 | 6,98 | 7,98 | 8,97 | 9,97 |
| 6 | 1,00 | 1,99 | 2,99 | 3,99 | 4,98 | 5,98 | 6,98 | 7,97 | 8,97 | 9,97 |
| 7 | 1,00 | 1,99 | 2,99 | 3,99 | 4,98 | 5,98 | 6,98 | 7,97 | 8,97 | 9,97 |
| 8 | 1,00 | 1,99 | 2,99 | 3,99 | 4,98 | 5,98 | 6,98 | 7,97 | 8,97 | 9,96 |
| 9 | 1,00 | 1,99 | 2,99 | 3,99 | 4,98 | 5,98 | 6,97 | 7,97 | 8,97 | 9,96 |

| Neigungs-winkel Grad | Flache Länge | | | | | | | | | |
|---|---|---|---|---|---|---|---|---|---|---|
| | 1 m | 2 m | 3 m | 4 m | 5 m | 6 m | 7 m | 8 m | 9 m | 10 m |
| | Seigerteufe in Metern | | | | | | | | | |
| 5,0 | 0,09 | 0,17 | 0,26 | 0,35 | 0,44 | 0,52 | 0,61 | 0,70 | 0,78 | 0,87 |
| 1 | 0,09 | 0,18 | 0,27 | 0,36 | 0,44 | 0,53 | 0,62 | 0,71 | 0,80 | 0,89 |
| 2 | 0,09 | 0,18 | 0,27 | 0,36 | 0,45 | 0,54 | 0,63 | 0,73 | 0,82 | 0,91 |
| 3 | 0,09 | 0,18 | 0,28 | 0,37 | 0,46 | 0,55 | 0,65 | 0,74 | 0,83 | 0,92 |
| 4 | 0,09 | 0,19 | 0,28 | 0,38 | 0,47 | 0,56 | 0,66 | 0,75 | 0,85 | 0,94 |
| 5 | 0,10 | 0,19 | 0,29 | 0,38 | 0,48 | 0,58 | 0,67 | 0,77 | 0,86 | 0,96 |
| 6 | 0,10 | 0,20 | 0,29 | 0,39 | 0,49 | 0,59 | 0,68 | 0,78 | 0,88 | 0,98 |
| 7 | 0,10 | 0,20 | 0,30 | 0,40 | 0,50 | 0,60 | 0,70 | 0,79 | 0,89 | 0,99 |
| 8 | 0,10 | 0,20 | 0,30 | 0,40 | 0,51 | 0,61 | 0,71 | 0,81 | 0,91 | 1,01 |
| 9 | 0,10 | 0,21 | 0,31 | 0,41 | 0,51 | 0,62 | 0,72 | 0,82 | 0,93 | 1,03 |
| 6,0 | 0,10 | 0,21 | 0,31 | 0,42 | 0,52 | 0,63 | 0,73 | 0,84 | 0,94 | 1,05 |
| 1 | 0,11 | 0,21 | 0,32 | 0,43 | 0,53 | 0,64 | 0,74 | 0,85 | 0,96 | 1,06 |
| 2 | 0,11 | 0,22 | 0,32 | 0,43 | 0,54 | 0,65 | 0,76 | 0,86 | 0,97 | 1,08 |
| 3 | 0,11 | 0,22 | 0,33 | 0,44 | 0,55 | 0,66 | 0,77 | 0,88 | 0,99 | 1,10 |
| 4 | 0,11 | 0,22 | 0,33 | 0,45 | 0,56 | 0,67 | 0,78 | 0,89 | 1,00 | 1,11 |
| 5 | 0,11 | 0,23 | 0,34 | 0,45 | 0,57 | 0,68 | 0,79 | 0,91 | 1,02 | 1,13 |
| 6 | 0,11 | 0,23 | 0,34 | 0,46 | 0,57 | 0,69 | 0,80 | 0,92 | 1,03 | 1,15 |
| 7 | 0,12 | 0,23 | 0,35 | 0,47 | 0,58 | 0,70 | 0,82 | 0,93 | 1,05 | 1,17 |
| 8 | 0,12 | 0,24 | 0,36 | 0,47 | 0,59 | 0,71 | 0,83 | 0,95 | 1,07 | 1,18 |
| 9 | 0,12 | 0,24 | 0,36 | 0,48 | 0,60 | 0,72 | 0,84 | 0,96 | 1,08 | 1,20 |
| 7,0 | 0,12 | 0,24 | 0,37 | 0,49 | 0,61 | 0,73 | 0,85 | 0,97 | 1,10 | 1,22 |
| 1 | 0,12 | 0,25 | 0,37 | 0,49 | 0,62 | 0,74 | 0,87 | 0,99 | 1,11 | 1,24 |
| 2 | 0,13 | 0,25 | 0,38 | 0,50 | 0,63 | 0,75 | 0,88 | 1,00 | 1,13 | 1,25 |
| 3 | 0,13 | 0,25 | 0,38 | 0,51 | 0,64 | 0,76 | 0,89 | 1,02 | 1,14 | 1,27 |
| 4 | 0,13 | 0,26 | 0,39 | 0,52 | 0,64 | 0,77 | 0,90 | 1,03 | 1,16 | 1,29 |
| 5 | 0,13 | 0,26 | 0,39 | 0,52 | 0,65 | 0,78 | 0,91 | 1,04 | 1,17 | 1,31 |
| 6 | 0,13 | 0,26 | 0,40 | 0,53 | 0,66 | 0,79 | 0,93 | 1,06 | 1,19 | 1,32 |
| 7 | 0,13 | 0,27 | 0,40 | 0,54 | 0,67 | 0,80 | 0,94 | 1,07 | 1,21 | 1,34 |
| 8 | 0,14 | 0,27 | 0,41 | 0,54 | 0,68 | 0,81 | 0,95 | 1,09 | 1,22 | 1,36 |
| 9 | 0,14 | 0,27 | 0,41 | 0,55 | 0,69 | 0,82 | 0,96 | 1,10 | 1,24 | 1,37 |
| 8,0 | 0,14 | 0,28 | 0,42 | 0,56 | 0,70 | 0,84 | 0,97 | 1,11 | 1,25 | 1,39 |
| 1 | 0,14 | 0,28 | 0,42 | 0,56 | 0,70 | 0,85 | 0,99 | 1,13 | 1,27 | 1,41 |
| 2 | 0,14 | 0,29 | 0,43 | 0,57 | 0,71 | 0,86 | 1,00 | 1,14 | 1,28 | 1,43 |
| 3 | 0,14 | 0,29 | 0,43 | 0,58 | 0,72 | 0,87 | 1,01 | 1,15 | 1,30 | 1,44 |
| 4 | 0,15 | 0,29 | 0,44 | 0,58 | 0,73 | 0,88 | 1,02 | 1,17 | 1,31 | 1,46 |
| 5 | 0,15 | 0,30 | 0,44 | 0,59 | 0,74 | 0,89 | 1,03 | 1,18 | 1,33 | 1,48 |
| 6 | 0,15 | 0,30 | 0,45 | 0,60 | 0,75 | 0,90 | 1,05 | 1,20 | 1,35 | 1,50 |
| 7 | 0,15 | 0,30 | 0,45 | 0,61 | 0,76 | 0,91 | 1,06 | 1,21 | 1,36 | 1,51 |
| 8 | 0,15 | 0,31 | 0,46 | 0,61 | 0,76 | 0,92 | 1,07 | 1,22 | 1,38 | 1,53 |
| 9 | 0,15 | 0,31 | 0,46 | 0,62 | 0,77 | 0,93 | 1,08 | 1,24 | 1,39 | 1,55 |
| 9,0 | 0,16 | 0,31 | 0,47 | 0,63 | 0,78 | 0,94 | 1,10 | 1,25 | 1,41 | 1,56 |
| 1 | 0,16 | 0,32 | 0,47 | 0,63 | 0,79 | 0,95 | 1,11 | 1,27 | 1,42 | 1,58 |
| 2 | 0,16 | 0,32 | 0,48 | 0,64 | 0,80 | 0,96 | 1,12 | 1,28 | 1,44 | 1,60 |
| 3 | 0,16 | 0,32 | 0,48 | 0,65 | 0,81 | 0,97 | 1,13 | 1,29 | 1,45 | 1,62 |
| 4 | 0,16 | 0,33 | 0,49 | 0,65 | 0,82 | 0,98 | 1,14 | 1,31 | 1,47 | 1,63 |
| 5 | 0,17 | 0,33 | 0,50 | 0,66 | 0,83 | 0,99 | 1,16 | 1,32 | 1,49 | 1,65 |
| 6 | 0,17 | 0,33 | 0,50 | 0,67 | 0,83 | 1,00 | 1,17 | 1,33 | 1,50 | 1,67 |
| 7 | 0,17 | 0,34 | 0,51 | 0,67 | 0,84 | 1,01 | 1,18 | 1,35 | 1,52 | 1,68 |
| 8 | 0,17 | 0,34 | 0,51 | 0,68 | 0,85 | 1,02 | 1,19 | 1,36 | 1,53 | 1,70 |
| 9 | 0,17 | 0,34 | 0,52 | 0,69 | 0,86 | 1,03 | 1,20 | 1,38 | 1,55 | 1,72 |

| Neigungswinkel Grad | Flache Länge 1 m | 2 m | 3 m | 4 m | 5 m | 6 m | 7 m | 8 m | 9 m | 10 m |
|---|---|---|---|---|---|---|---|---|---|---|
| | Sohle in Metern | | | | | | | | | |
| **5**,0 | 1,00 | 1,99 | 2,99 | 3,98 | 4,98 | 5,98 | 6,97 | 7,97 | 8,97 | 9,96 |
| 1 | 1,00 | 1,99 | 2,99 | 3,98 | 4,98 | 5,98 | 6,97 | 7,97 | 8,96 | 9,96 |
| 2 | 1,00 | 1,99 | 2,99 | 3,98 | 4,98 | 5,98 | 6,97 | 7,97 | 8,96 | 9,96 |
| 3 | 1,00 | 1,99 | 2,99 | 3,98 | 4,98 | 5,97 | 6,97 | 7,97 | 8,96 | 9,96 |
| 4 | 1,00 | 1,99 | 2,99 | 3,98 | 4,98 | 5,97 | 6,97 | 7,96 | 8,96 | 9,96 |
| 5 | 1,00 | 1,99 | 2,99 | 3,98 | 4,98 | 5,97 | 6,97 | 7,96 | 8,96 | 9,95 |
| 6 | 1,00 | 1,99 | 2,99 | 3,98 | 4,98 | 5,97 | 6,97 | 7,96 | 8,96 | 9,95 |
| 7 | 1,00 | 1,99 | 2,99 | 3,98 | 4,98 | 5,97 | 6,97 | 7,96 | 8,96 | 9,95 |
| 8 | 0,99 | 1,99 | 2,98 | 3,98 | 4,97 | 5,97 | 6,96 | 7,96 | 8,95 | 9,95 |
| 9 | 0,99 | 1,99 | 2,98 | 3,98 | 4,97 | 5,97 | 6,96 | 7,96 | 8,95 | 9,95 |
| **6**,0 | 0,99 | 1,99 | 2,98 | 3,98 | 4,97 | 5,97 | 6,96 | 7,96 | 8,95 | 9,95 |
| 1 | 0,99 | 1,99 | 2,98 | 3,98 | 4,97 | 5,97 | 6,96 | 7,95 | 8,95 | 9,94 |
| 2 | 0,99 | 1,99 | 2,98 | 3,98 | 4,97 | 5,96 | 6,96 | 7,95 | 8,95 | 9,94 |
| 3 | 0,99 | 1,99 | 2,98 | 3,98 | 4,97 | 5,96 | 6,96 | 7,95 | 8,95 | 9,94 |
| 4 | 0,99 | 1,99 | 2,98 | 3,97 | 4,97 | 5,90 | 6,96 | 7,95 | 8,94 | 9,94 |
| 5 | 0,99 | 1,99 | 2,98 | 3,97 | 4,97 | 5,96 | 6,96 | 7,95 | 8,94 | 9,94 |
| 6 | 0,99 | 1,99 | 2,98 | 3,97 | 4,97 | 5,96 | 6,95 | 7,95 | 8,94 | 9,93 |
| 7 | 0,99 | 1,99 | 2,98 | 3,97 | 4,97 | 5,96 | 6,95 | 7,95 | 8,94 | 9,93 |
| 8 | 0,99 | 1,99 | 2,98 | 3,97 | 4,96 | 5,96 | 6,95 | 7,94 | 8,94 | 9,93 |
| 9 | 0,99 | 1,99 | 2,98 | 3,97 | 4,96 | 5,96 | 6,95 | 7,94 | 8,93 | 9,93 |
| **7**,0 | 0,99 | 1,99 | 2,98 | 3,97 | 4,96 | 5,96 | 6,95 | 7,94 | 8,93 | 9,93 |
| 1 | 0,99 | 1,98 | 2,98 | 3,97 | 4,96 | 5,95 | 6,95 | 7,94 | 8,93 | 9,92 |
| 2 | 0,99 | 1,98 | 2,98 | 3,97 | 4,96 | 5,95 | 6,94 | 7,94 | 8,93 | 9,92 |
| 3 | 0,99 | 1,98 | 2,98 | 3,97 | 4,96 | 5,95 | 6,94 | 7,94 | 8,93 | 9,92 |
| 4 | 0,99 | 1,98 | 2,98 | 3,97 | 4,96 | 5,95 | 6,94 | 7,93 | 8,93 | 9,92 |
| 5 | 0,99 | 1,98 | 2,97 | 3,97 | 4,96 | 5,95 | 6,94 | 7,93 | 8,92 | 9,91 |
| 6 | 0,99 | 1,98 | 2,97 | 3,96 | 4,96 | 5,95 | 6,94 | 7,93 | 8,92 | 9,91 |
| 7 | 0,99 | 1,98 | 2,97 | 3,96 | 4,95 | 5,95 | 6,94 | 7,93 | 8,92 | 9,91 |
| 8 | 0,99 | 1,98 | 2,97 | 3,96 | 4,95 | 5,94 | 6,94 | 7,93 | 8,92 | 9,91 |
| 9 | 0,99 | 1,98 | 2,97 | 3,96 | 4,95 | 5,94 | 6,93 | 7,92 | 8,91 | 9,91 |
| **8**,0 | 0,99 | 1,98 | 2,97 | 3,96 | 4,95 | 5,94 | 6,93 | 7,92 | 8,91 | 9,90 |
| 1 | 0,99 | 1,98 | 2,97 | 3,96 | 4,95 | 5,94 | 6,93 | 7,92 | 8,91 | 9,90 |
| 2 | 0,99 | 1,98 | 2,97 | 3,96 | 4,95 | 5,94 | 6,93 | 7,92 | 8,91 | 9,90 |
| 3 | 0,99 | 1,98 | 2,97 | 3,96 | 4,95 | 5,94 | 6,93 | 7,92 | 8,91 | 9,90 |
| 4 | 0,99 | 1,98 | 2,97 | 3,96 | 4,95 | 5,94 | 6,92 | 7,91 | 8,90 | 9,89 |
| 5 | 0,99 | 1,98 | 2,97 | 3,96 | 4,95 | 5,93 | 6,92 | 7,91 | 8,90 | 9,89 |
| 6 | 0,99 | 1,98 | 2,97 | 3,96 | 4,94 | 5,93 | 6,92 | 7,91 | 8,90 | 9,89 |
| 7 | 0,99 | 1,98 | 2,97 | 3,95 | 4,94 | 5,93 | 6,92 | 7,91 | 8,90 | 9,88 |
| 8 | 0,99 | 1,98 | 2,96 | 3,95 | 4,94 | 5,93 | 6,92 | 7,91 | 8,89 | 9,88 |
| 9 | 0,99 | 1,98 | 2,96 | 3,95 | 4,94 | 5,93 | 6,92 | 7,90 | 8,89 | 9,88 |
| **9**,0 | 0,99 | 1,98 | 2,96 | 3,95 | 4,94 | 5,93 | 6,91 | 7,90 | 8,89 | 9,88 |
| 1 | 0,99 | 1,97 | 2,96 | 3,95 | 4,94 | 5,92 | 6,91 | 7,90 | 8,89 | 9,87 |
| 2 | 0,99 | 1,97 | 2,96 | 3,95 | 4,94 | 5,92 | 6,91 | 7,90 | 8,88 | 9,87 |
| 3 | 0,99 | 1,97 | 2,96 | 3,95 | 4,93 | 5,92 | 6,91 | 7,89 | 8,88 | 9,87 |
| 4 | 0,99 | 1,97 | 2,96 | 3,95 | 4,93 | 5,92 | 6,91 | 7,89 | 8,88 | 9,87 |
| 5 | 0,99 | 1,97 | 2,96 | 3,95 | 4,93 | 5,92 | 6,90 | 7,89 | 8,88 | 9,86 |
| 6 | 0,99 | 1,97 | 2,96 | 3,94 | 4,93 | 5,92 | 6,90 | 7,89 | 8,87 | 9,86 |
| 7 | 0,99 | 1,97 | 2,96 | 3,94 | 4,93 | 5,91 | 6,90 | 7,89 | 8,87 | 9,86 |
| 8 | 0,99 | 1,97 | 2,96 | 3,94 | 4,93 | 5,91 | 6,90 | 7,88 | 8,87 | 9,85 |
| 9 | 0,99 | 1,97 | 2,96 | 3,94 | 4,93 | 5,91 | 6,90 | 7,88 | 8,87 | 9,85 |

| Nei-gungs-winkel Grad | Flache Länge | | | | | | | | | |
|---|---|---|---|---|---|---|---|---|---|---|
| | 1 m | 2 m | 3 m | 4 m | 5 m | 6 m | 7 m | 8 m | 9 m | 10 m |
| | Seigerteufe in Metern | | | | | | | | | |
| 10,0 | 0,17 | 0,35 | 0,52 | 0,69 | 0,87 | 1,04 | 1,22 | 1,39 | 1,56 | 1,74 |
| 1 | 0,18 | 0,35 | 0,53 | 0,70 | 0,88 | 1,05 | 1,23 | 1,40 | 1,58 | 1,75 |
| 2 | 0,18 | 0,35 | 0,53 | 0,71 | 0,89 | 1,06 | 1,24 | 1,42 | 1,59 | 1,77 |
| 3 | 0,18 | 0,36 | 0,54 | 0,72 | 0,89 | 1,07 | 1,25 | 1,43 | 1,61 | 1,79 |
| 4 | 0,18 | 0,36 | 0,54 | 0,72 | 0,90 | 1,08 | 1,26 | 1,44 | 1,62 | 1,81 |
| 5 | 0,18 | 0,36 | 0,55 | 0,73 | 0,91 | 1,09 | 1,28 | 1,46 | 1,64 | 1,82 |
| 6 | 0,18 | 0,37 | 0,55 | 0,74 | 0,92 | 1,10 | 1,29 | 1,47 | 1,66 | 1,84 |
| 7 | 0,19 | 0,37 | 0,56 | 0,74 | 0,93 | 1,11 | 1,30 | 1,49 | 1,67 | 1,86 |
| 8 | 0,19 | 0,37 | 0,56 | 0,75 | 0,94 | 1,12 | 1,31 | 1,50 | 1,69 | 1,87 |
| 9 | 0,19 | 0,38 | 0,57 | 0,76 | 0,95 | 1,13 | 1,32 | 1,51 | 1,70 | 1,89 |
| 11,0 | 0,19 | 0,38 | 0,57 | 0,76 | 0,95 | 1,14 | 1,34 | 1,53 | 1,72 | 1,91 |
| 1 | 0,19 | 0,39 | 0,58 | 0,77 | 0,96 | 1,16 | 1,35 | 1,54 | 1,73 | 1,93 |
| 2 | 0,19 | 0,39 | 0,58 | 0,78 | 0,97 | 1,17 | 1,36 | 1,55 | 1,75 | 1,94 |
| 3 | 0,20 | 0,39 | 0,59 | 0,78 | 0,98 | 1,18 | 1,37 | 1,57 | 1,76 | 1,96 |
| 4 | 0,20 | 0,40 | 0,59 | 0,79 | 0,99 | 1,19 | 1,38 | 1,58 | 1,78 | 1,98 |
| 5 | 0,20 | 0,40 | 0,60 | 0,80 | 1,00 | 1,20 | 1,40 | 1,59 | 1,79 | 1,99 |
| 6 | 0,20 | 0,40 | 0,60 | 0,80 | 1,01 | 1,21 | 1,41 | 1,61 | 1,81 | 2,01 |
| 7 | 0,20 | 0,41 | 0,61 | 0,81 | 1,01 | 1,22 | 1,42 | 1,62 | 1,83 | 2,03 |
| 8 | 0,20 | 0,41 | 0,61 | 0,82 | 1,02 | 1,23 | 1,43 | 1,64 | 1,84 | 2,04 |
| 9 | 0,21 | 0,41 | 0,62 | 0,82 | 1,03 | 1,24 | 1,44 | 1,65 | 1,86 | 2,06 |
| 12,0 | 0,21 | 0,42 | 0,62 | 0,83 | 1,04 | 1,25 | 1,46 | 1,66 | 1,87 | 2,08 |
| 1 | 0,21 | 0,42 | 0,63 | 0,84 | 1,05 | 1,26 | 1,47 | 1,68 | 1,89 | 2,10 |
| 2 | 0,21 | 0,42 | 0,63 | 0,85 | 1,06 | 1,27 | 1,48 | 1,69 | 1,90 | 2,11 |
| 3 | 0,21 | 0,43 | 0,64 | 0,85 | 1,07 | 1,28 | 1,49 | 1,70 | 1,92 | 2,13 |
| 4 | 0,21 | 0,43 | 0,64 | 0,86 | 1,07 | 1,29 | 1,50 | 1,72 | 1,93 | 2,15 |
| 5 | 0,22 | 0,43 | 0,65 | 0,87 | 1,08 | 1,30 | 1,52 | 1,73 | 1,95 | 2,16 |
| 6 | 0,22 | 0,44 | 0,65 | 0,87 | 1,09 | 1,31 | 1,53 | 1,75 | 1,96 | 2,18 |
| 7 | 0,22 | 0,44 | 0,66 | 0,88 | 1,10 | 1,32 | 1,54 | 1,76 | 1,98 | 2,20 |
| 8 | 0,22 | 0,44 | 0,66 | 0,89 | 1,11 | 1,33 | 1,55 | 1,77 | 1,99 | 2,22 |
| 9 | 0,22 | 0,45 | 0,67 | 0,89 | 1,12 | 1,34 | 1,56 | 1,79 | 2,01 | 2,23 |
| 13,0 | 0,22 | 0,45 | 0,67 | 0,90 | 1,12 | 1,35 | 1,57 | 1,80 | 2,02 | 2,25 |
| 1 | 0,23 | 0,45 | 0,68 | 0,91 | 1,13 | 1,36 | 1,59 | 1,81 | 2,04 | 2,27 |
| 2 | 0,23 | 0,46 | 0,69 | 0,91 | 1,14 | 1,37 | 1,60 | 1,83 | 2,06 | 2,28 |
| 3 | 0,23 | 0,46 | 0,69 | 0,92 | 1,15 | 1,38 | 1,61 | 1,84 | 2,07 | 2,30 |
| 4 | 0,23 | 0,46 | 0,70 | 0,93 | 1,16 | 1,39 | 1,62 | 1,85 | 2,09 | 2,32 |
| 5 | 0,23 | 0,47 | 0,70 | 0,93 | 1,17 | 1,40 | 1,63 | 1,87 | 2,10 | 2,33 |
| 6 | 0,24 | 0,47 | 0,71 | 0,94 | 1,18 | 1,41 | 1,65 | 1,88 | 2,12 | 2,35 |
| 7 | 0,24 | 0,47 | 0,71 | 0,95 | 1,18 | 1,42 | 1,66 | 1,89 | 2,13 | 2,37 |
| 8 | 0,24 | 0,48 | 0,72 | 0,95 | 1,19 | 1,43 | 1,67 | 1,91 | 2,15 | 2,39 |
| 9 | 0,24 | 0,48 | 0,72 | 0,96 | 1,20 | 1,44 | 1,68 | 1,92 | 2,16 | 2,40 |
| 14,0 | 0,24 | 0,48 | 0,73 | 0,97 | 1,21 | 1,45 | 1,69 | 1,94 | 2,18 | 2,42 |
| 1 | 0,24 | 0,49 | 0,73 | 0,97 | 1,22 | 1,46 | 1,71 | 1,95 | 2,19 | 2,44 |
| 2 | 0,25 | 0,49 | 0,74 | 0,98 | 1,23 | 1,47 | 1,72 | 1,96 | 2,21 | 2,45 |
| 3 | 0,25 | 0,49 | 0,74 | 0,99 | 1,23 | 1,48 | 1,73 | 1,98 | 2,22 | 2,47 |
| 4 | 0,25 | 0,50 | 0,75 | 0,99 | 1,24 | 1,49 | 1,74 | 1,99 | 2,24 | 2,49 |
| 5 | 0,25 | 0,50 | 0,75 | 1,00 | 1,25 | 1,50 | 1,75 | 2,00 | 2,25 | 2,50 |
| 6 | 0,25 | 0,50 | 0,76 | 1,01 | 1,26 | 1,51 | 1,76 | 2,02 | 2,27 | 2,52 |
| 7 | 0,25 | 0,51 | 0,76 | 1,02 | 1,27 | 1,52 | 1,78 | 2,03 | 2,28 | 2,54 |
| 8 | 0,26 | 0,51 | 0,77 | 1,02 | 1,28 | 1,53 | 1,79 | 2,04 | 2,30 | 2,55 |
| 9 | 0,26 | 0,51 | 0,77 | 1,03 | 1,29 | 1,54 | 1,80 | 2,06 | 2,31 | 2,57 |

| Neigungs-winkel | Flache Länge | | | | | | | | |
|---|---|---|---|---|---|---|---|---|---|
| | 1 m | 2 m | 3 m | 4 m | 5 m | 6 m | 7 m | 8 m | 9 m | 10 m |
| Grad | Sohle in Metern | | | | | | | | |
| 10,0 | 0,98 | 1,97 | 2,95 | 3,94 | 4,92 | 5,91 | 6,89 | 7,88 | 8,80 | 9,85 |
| 1 | 0,98 | 1,97 | 2,95 | 3,94 | 4,92 | 5,91 | 6,89 | 7,88 | 8,86 | 9,85 |
| 2 | 0,98 | 1,97 | 2,95 | 3,94 | 4,92 | 5,91 | 6,89 | 7,87 | 8,86 | 9,84 |
| 3 | 0,98 | 1,97 | 2,95 | 3,94 | 4,92 | 5,90 | 6,89 | 7,87 | 8,85 | 9,84 |
| 4 | 0,98 | 1,97 | 2,95 | 3,93 | 4,92 | 5,90 | 6,89 | 7,87 | 8,85 | 9,84 |
| 5 | 0,98 | 1,97 | 2,95 | 3,93 | 4,92 | 5,90 | 6,88 | 7,87 | 8,85 | 9,83 |
| 6 | 0,98 | 1,97 | 2,95 | 3,93 | 4,91 | 5,90 | 6,88 | 7,86 | 8,85 | 9,83 |
| 7 | 0,98 | 1,97 | 2,95 | 3,93 | 4,91 | 5,90 | 6,88 | 7,86 | 8,84 | 9,83 |
| 8 | 0,98 | 1,96 | 2,95 | 3,93 | 4,91 | 5,89 | 6,88 | 7,86 | 8,84 | 9,82 |
| 9 | 0,98 | 1,96 | 2,95 | 3,93 | 4,91 | 5,89 | 6,87 | 7,86 | 8,84 | 9,82 |
| 11,0 | 0,98 | 1,96 | 2,94 | 3,93 | 4,91 | 5,89 | 6,87 | 7,85 | 8,83 | 9,82 |
| 1 | 0,98 | 1,96 | 2,94 | 3,93 | 4,91 | 5,89 | 6,87 | 7,85 | 8,83 | 9,81 |
| 2 | 0,98 | 1,96 | 2,94 | 3,92 | 4,90 | 5,89 | 6,87 | 7,85 | 8,83 | 9,81 |
| 3 | 0,98 | 1,96 | 2,94 | 3,92 | 4,90 | 5,88 | 6,86 | 7,84 | 8,83 | 9,81 |
| 4 | 0,98 | 1,96 | 2,94 | 3,92 | 4,90 | 5,88 | 6,86 | 7,84 | 8,82 | 9,80 |
| 5 | 0,98 | 1,96 | 2,94 | 3,92 | 4,90 | 5,88 | 6,86 | 7,84 | 8,82 | 9,80 |
| 6 | 0,98 | 1,96 | 2,94 | 3,92 | 4,90 | 5,88 | 6,86 | 7,84 | 8,82 | 9,80 |
| 7 | 0,98 | 1,96 | 2,94 | 3,92 | 4,90 | 5,88 | 6,85 | 7,83 | 8,81 | 9,79 |
| 8 | 0,98 | 1,96 | 2,94 | 3,92 | 4,89 | 5,87 | 6,85 | 7,83 | 8,81 | 9,79 |
| 9 | 0,98 | 1,96 | 2,94 | 3,91 | 4,89 | 5,87 | 6,85 | 7,83 | 8,81 | 9,79 |
| 12,0 | 0,98 | 1,96 | 2,93 | 3,91 | 4,89 | 5,87 | 6,85 | 7,83 | 8,80 | 9,78 |
| 1 | 0,98 | 1,96 | 2,93 | 3,91 | 4,89 | 5,87 | 6,84 | 7,82 | 8,80 | 9,78 |
| 2 | 0,98 | 1,95 | 2,93 | 3,91 | 4,89 | 5,86 | 6,84 | 7,82 | 8,80 | 9,77 |
| 3 | 0,98 | 1,95 | 2,93 | 3,91 | 4,89 | 5,86 | 6,84 | 7,82 | 8,79 | 9,77 |
| 4 | 0,98 | 1,95 | 2,93 | 3,91 | 4,88 | 5,86 | 6,84 | 7,81 | 8,79 | 9,77 |
| 5 | 0,98 | 1,95 | 2,93 | 3,91 | 4,88 | 5,86 | 6,83 | 7,81 | 8,79 | 9,76 |
| 6 | 0,98 | 1,95 | 2,93 | 3,90 | 4,88 | 5,86 | 6,83 | 7,81 | 8,78 | 9,76 |
| 7 | 0,98 | 1,95 | 2,93 | 3,90 | 4,88 | 5,85 | 6,83 | 7,80 | 8,78 | 9,76 |
| 8 | 0,98 | 1,95 | 2,93 | 3,90 | 4,88 | 5,85 | 6,83 | 7,80 | 8,78 | 9,75 |
| 9 | 0,97 | 1,95 | 2,92 | 3,90 | 4,87 | 5,85 | 6,82 | 7,80 | 8,77 | 9,75 |
| 13,0 | 0,97 | 1,95 | 2,92 | 3,90 | 4,87 | 5,85 | 6,82 | 7,79 | 8,77 | 9,74 |
| 1 | 0,97 | 1,95 | 2,92 | 3,90 | 4,87 | 5,84 | 6,82 | 7,79 | 8,77 | 9,74 |
| 2 | 0,97 | 1,95 | 2,92 | 3,89 | 4,87 | 5,84 | 6,82 | 7,79 | 8,76 | 9,74 |
| 3 | 0,97 | 1,95 | 2,92 | 3,89 | 4,87 | 5,84 | 6,81 | 7,79 | 8,76 | 9,73 |
| 4 | 0,97 | 1,95 | 2,92 | 3,89 | 4,86 | 5,84 | 6,81 | 7,78 | 8,75 | 9,73 |
| 5 | 0,97 | 1,94 | 2,92 | 3,89 | 4,86 | 5,83 | 6,81 | 7,78 | 8,75 | 9,72 |
| 6 | 0,97 | 1,94 | 2,92 | 3,89 | 4,86 | 5,83 | 6,80 | 7,78 | 8,75 | 9,72 |
| 7 | 0,97 | 1,94 | 2,91 | 3,89 | 4,86 | 5,83 | 6,80 | 7,77 | 8,74 | 9,72 |
| 8 | 0,97 | 1,94 | 2,91 | 3,88 | 4,86 | 5,83 | 6,80 | 7,77 | 8,74 | 9,71 |
| 9 | 0,97 | 1,94 | 2,91 | 3,88 | 4,85 | 5,82 | 6,80 | 7,77 | 8,74 | 9,71 |
| 14,0 | 0,97 | 1,94 | 2,91 | 3,88 | 4,85 | 5,82 | 6,79 | 7,76 | 8,73 | 9,70 |
| 1 | 0,97 | 1,94 | 2,91 | 3,88 | 4,85 | 5,82 | 6,79 | 7,76 | 8,73 | 9,70 |
| 2 | 0,97 | 1,94 | 2,91 | 3,88 | 4,85 | 5,82 | 6,79 | 7,76 | 8,73 | 9,69 |
| 3 | 0,97 | 1,94 | 2,91 | 3,88 | 4,85 | 5,81 | 6,78 | 7,75 | 8,72 | 9,69 |
| 4 | 0,97 | 1,94 | 2,91 | 3,87 | 4,84 | 5,81 | 6,78 | 7,75 | 8,72 | 9,69 |
| 5 | 0,97 | 1,94 | 2,90 | 3,87 | 4,84 | 5,81 | 6,78 | 7,75 | 8,71 | 9,68 |
| 6 | 0,97 | 1,94 | 2,90 | 3,87 | 4,84 | 5,81 | 6,77 | 7,74 | 8,71 | 9,68 |
| 7 | 0,97 | 1,93 | 2,90 | 3,87 | 4,84 | 5,80 | 6,77 | 7,74 | 8,71 | 9,67 |
| 8 | 0,97 | 1,93 | 2,90 | 3,87 | 4,83 | 5,80 | 6,77 | 7,73 | 8,70 | 9,67 |
| 9 | 0,97 | 1,93 | 2,90 | 3,87 | 4,83 | 5,80 | 6,76 | 7,73 | 8,70 | 9,66 |

| Nei-gungs-winkel Grad | Flache Länge | | | | | | | | | |
|---|---|---|---|---|---|---|---|---|---|---|
| | 1 m | 2 m | 3 m | 4 m | 5 m | 6 m | 7 m | 8 m | 9 m | 10 m |
| | Seigerteufe in Metern | | | | | | | | | |
| 15,0 | 0,26 | 0,52 | 0,78 | 1,04 | 1,29 | 1,55 | 1,81 | 2,07 | 2,33 | 2,59 |
| 1 | 0,26 | 0,52 | 0,78 | 1,04 | 1,30 | 1,56 | 1,82 | 2,08 | 2,34 | 2,61 |
| 2 | 0,26 | 0,52 | 0,79 | 1,05 | 1,31 | 1,57 | 1,84 | 2,10 | 2,36 | 2,62 |
| 3 | 0,26 | 0,53 | 0,79 | 1,06 | 1,32 | 1,58 | 1,85 | 2,11 | 2,37 | 2,64 |
| 4 | 0,27 | 0,53 | 0,80 | 1,06 | 1,33 | 1,59 | 1,86 | 2,12 | 2,39 | 2,66 |
| 5 | 0,27 | 0,53 | 0,80 | 1,07 | 1,34 | 1,60 | 1,87 | 2,14 | 2,41 | 2,67 |
| 6 | 0,27 | 0,54 | 0,81 | 1,08 | 1,34 | 1,61 | 1,88 | 2,15 | 2,42 | 2,69 |
| 7 | 0,27 | 0,54 | 0,81 | 1,08 | 1,35 | 1,62 | 1,89 | 2,16 | 2,44 | 2,71 |
| 8 | 0,27 | 0,54 | 0,82 | 1,09 | 1,36 | 1,63 | 1,91 | 2,18 | 2,45 | 2,72 |
| 9 | 0,27 | 0,55 | 0,82 | 1,10 | 1,37 | 1,64 | 1,92 | 2,19 | 2,47 | 2,74 |
| 16,0 | 0,28 | 0,55 | 0,83 | 1,10 | 1,38 | 1,65 | 1,93 | 2,21 | 2,48 | 2,76 |
| 1 | 0,28 | 0,55 | 0,83 | 1,11 | 1,39 | 1,66 | 1,94 | 2,22 | 2,50 | 2,77 |
| 2 | 0,28 | 0,56 | 0,84 | 1,12 | 1,39 | 1,67 | 1,95 | 2,23 | 2,51 | 2,79 |
| 3 | 0,28 | 0,56 | 0,84 | 1,12 | 1,40 | 1,68 | 1,96 | 2,25 | 2,53 | 2,81 |
| 4 | 0,28 | 0,56 | 0,85 | 1,13 | 1,41 | 1,69 | 1,98 | 2,26 | 2,54 | 2,82 |
| 5 | 0,28 | 0,57 | 0,85 | 1,14 | 1,42 | 1,70 | 1,99 | 2,27 | 2,56 | 2,84 |
| 6 | 0,29 | 0,57 | 0,86 | 1,14 | 1,43 | 1,71 | 2,00 | 2,29 | 2,57 | 2,86 |
| 7 | 0,29 | 0,57 | 0,86 | 1,15 | 1,44 | 1,72 | 2,01 | 2,30 | 2,59 | 2,87 |
| 8 | 0,29 | 0,58 | 0,87 | 1,16 | 1,45 | 1,73 | 2,02 | 2,31 | 2,60 | 2,89 |
| 9 | 0,29 | 0,58 | 0,87 | 1,16 | 1,45 | 1,74 | 2,03 | 2,33 | 2,62 | 2,91 |
| 17,0 | 0,29 | 0,58 | 0,88 | 1,17 | 1,46 | 1,75 | 2,05 | 2,34 | 2,63 | 2,92 |
| 1 | 0,29 | 0,59 | 0,88 | 1,18 | 1,47 | 1,76 | 2,06 | 2,35 | 2,65 | 2,94 |
| 2 | 0,30 | 0,59 | 0,89 | 1,18 | 1,48 | 1,77 | 2,07 | 2,37 | 2,66 | 2,96 |
| 3 | 0,30 | 0,59 | 0,89 | 1,19 | 1,49 | 1,78 | 2,08 | 2,38 | 2,68 | 2,97 |
| 4 | 0,30 | 0,60 | 0,90 | 1,20 | 1,50 | 1,79 | 2,09 | 2,39 | 2,69 | 2,99 |
| 5 | 0,30 | 0,60 | 0,90 | 1,20 | 1,50 | 1,80 | 2,10 | 2,41 | 2,71 | 3,01 |
| 6 | 0,30 | 0,60 | 0,91 | 1,21 | 1,51 | 1,81 | 2,12 | 2,42 | 2,72 | 3,02 |
| 7 | 0,30 | 0,61 | 0,91 | 1,22 | 1,52 | 1,82 | 2,13 | 2,43 | 2,74 | 3,04 |
| 8 | 0,31 | 0,61 | 0,92 | 1,22 | 1,53 | 1,83 | 2,14 | 2,45 | 2,75 | 3,06 |
| 9 | 0,31 | 0,61 | 0,92 | 1,23 | 1,54 | 1,84 | 2,15 | 2,46 | 2,77 | 3,07 |
| 18,0 | 0,31 | 0,62 | 0,93 | 1,24 | 1,55 | 1,85 | 2,16 | 2,47 | 2,78 | 3,09 |
| 1 | 0,31 | 0,62 | 0,93 | 1,24 | 1,55 | 1,86 | 2,17 | 2,49 | 2,80 | 3,11 |
| 2 | 0,31 | 0,62 | 0,94 | 1,25 | 1,56 | 1,87 | 2,19 | 2,50 | 2,81 | 3,12 |
| 3 | 0,31 | 0,63 | 0,94 | 1,26 | 1,57 | 1,88 | 2,20 | 2,51 | 2,83 | 3,14 |
| 4 | 0,32 | 0,63 | 0,95 | 1,26 | 1,58 | 1,89 | 2,21 | 2,53 | 2,84 | 3,16 |
| 5 | 0,32 | 0,63 | 0,95 | 1,27 | 1,59 | 1,90 | 2,22 | 2,54 | 2,86 | 3,17 |
| 6 | 0,32 | 0,64 | 0,96 | 1,28 | 1,59 | 1,91 | 2,23 | 2,55 | 2,87 | 3,19 |
| 7 | 0,32 | 0,64 | 0,96 | 1,28 | 1,60 | 1,92 | 2,24 | 2,56 | 2,89 | 3,21 |
| 8 | 0,32 | 0,64 | 0,97 | 1,29 | 1,61 | 1,93 | 2,26 | 2,58 | 2,90 | 3,22 |
| 9 | 0,32 | 0,65 | 0,97 | 1,30 | 1,62 | 1,94 | 2,27 | 2,59 | 2,92 | 3,24 |
| 19,0 | 0,33 | 0,65 | 0,98 | 1,30 | 1,63 | 1,95 | 2,28 | 2,60 | 2,93 | 3,26 |
| 1 | 0,33 | 0,65 | 0,98 | 1,31 | 1,64 | 1,96 | 2,29 | 2,62 | 2,94 | 3,27 |
| 2 | 0,33 | 0,66 | 0,99 | 1,32 | 1,64 | 1,97 | 2,30 | 2,63 | 2,96 | 3,29 |
| 3 | 0,33 | 0,66 | 0,99 | 1,32 | 1,65 | 1,98 | 2,31 | 2,64 | 2,97 | 3,31 |
| 4 | 0,33 | 0,66 | 1,00 | 1,33 | 1,66 | 1,99 | 2,33 | 2,66 | 2,99 | 3,32 |
| 5 | 0,33 | 0,67 | 1,00 | 1,34 | 1,67 | 2,00 | 2,34 | 2,67 | 3,00 | 3,34 |
| 6 | 0,34 | 0,67 | 1,01 | 1,34 | 1,68 | 2,01 | 2,35 | 2,68 | 3,02 | 3,35 |
| 7 | 0,34 | 0,67 | 1,01 | 1,35 | 1,69 | 2,02 | 2,36 | 2,70 | 3,03 | 3,37 |
| 8 | 0,34 | 0,68 | 1,02 | 1,35 | 1,69 | 2,03 | 2,37 | 2,71 | 3,05 | 3,39 |
| 9 | 0,34 | 0,68 | 1,02 | 1,36 | 1,70 | 2,04 | 2,38 | 2,72 | 3,06 | 3,40 |

| Neigungswinkel Grad | Flache Länge Sohle in Metern ||||||||||
|---|---|---|---|---|---|---|---|---|---|---|
| | 1 m | 2 m | 3 m | 4 m | 5 m | 6 m | 7 m | 8 m | 9 m | 10 m |
| 15,0 | 0,97 | 1,93 | 2,90 | 3,86 | 4,83 | 5,80 | 6,76 | 7,73 | 8,69 | 9,66 |
| 1 | 0,97 | 1,93 | 2,90 | 3,86 | 4,83 | 5,79 | 6,76 | 7,72 | 8,69 | 9,65 |
| 2 | 0,97 | 1,93 | 2,90 | 3,86 | 4,83 | 5,79 | 6,76 | 7,72 | 8,69 | 9,65 |
| 3 | 0,96 | 1,93 | 2,89 | 3,86 | 4,82 | 5,79 | 6,75 | 7,72 | 8,68 | 9,65 |
| 4 | 0,96 | 1,93 | 2,89 | 3,86 | 4,82 | 5,78 | 6,75 | 7,71 | 8,68 | 9,64 |
| 5 | 0,96 | 1,93 | 2,89 | 3,85 | 4,82 | 5,78 | 6,75 | 7,71 | 8,67 | 9,64 |
| 6 | 0,96 | 1,93 | 2,89 | 3,85 | 4,82 | 5,78 | 6,74 | 7,71 | 8,67 | 9,63 |
| 7 | 0,96 | 1,93 | 2,89 | 3,85 | 4,81 | 5,78 | 6,74 | 7,70 | 8,66 | 9,63 |
| 8 | 0,96 | 1,92 | 2,89 | 3,85 | 4,81 | 5,77 | 6,74 | 7,70 | 8,66 | 9,62 |
| 9 | 0,96 | 1,92 | 2,89 | 3,85 | 4,81 | 5,77 | 6,73 | 7,69 | 8,66 | 9,62 |
| 16,0 | 0,96 | 1,92 | 2,88 | 3,85 | 4,81 | 5,77 | 6,73 | 7,69 | 8,65 | 9,61 |
| 1 | 0,96 | 1,92 | 2,88 | 3,84 | 4,80 | 5,76 | 6,73 | 7,69 | 8,65 | 9,61 |
| 2 | 0,96 | 1,92 | 2,88 | 3,84 | 4,80 | 5,76 | 6,72 | 7,68 | 8,64 | 9,60 |
| 3 | 0,96 | 1,92 | 2,88 | 3,84 | 4,80 | 5,76 | 6,72 | 7,68 | 8,64 | 9,60 |
| 4 | 0,96 | 1,92 | 2,88 | 3,84 | 4,80 | 5,76 | 6,72 | 7,67 | 8,63 | 9,59 |
| 5 | 0,96 | 1,92 | 2,88 | 3,84 | 4,79 | 5,75 | 6,71 | 7,67 | 8,63 | 9,59 |
| 6 | 0,96 | 1,92 | 2,87 | 3,83 | 4,79 | 5,75 | 6,71 | 7,67 | 8,62 | 9,58 |
| 7 | 0,96 | 1,92 | 2,87 | 3,83 | 4,79 | 5,75 | 6,70 | 7,66 | 8,62 | 9,58 |
| 8 | 0,96 | 1,91 | 2,87 | 3,83 | 4,79 | 5,74 | 6,70 | 7,66 | 8,62 | 9,57 |
| 9 | 0,96 | 1,91 | 2,87 | 3,83 | 4,78 | 5,74 | 6,70 | 7,65 | 8,61 | 9,57 |
| 17,0 | 0,96 | 1,91 | 2,87 | 3,83 | 4,78 | 5,74 | 6,69 | 7,65 | 8,61 | 9,56 |
| 1 | 0,96 | 1,91 | 2,87 | 3,82 | 4,78 | 5,73 | 6,69 | 7,65 | 8,60 | 9,56 |
| 2 | 0,96 | 1,91 | 2,87 | 3,82 | 4,78 | 5,73 | 6,69 | 7,64 | 8,60 | 9,55 |
| 3 | 0,95 | 1,91 | 2,86 | 3,82 | 4,77 | 5,73 | 6,68 | 7,64 | 8,59 | 9,55 |
| 4 | 0,95 | 1,91 | 2,86 | 3,82 | 4,77 | 5,73 | 6,68 | 7,63 | 8,59 | 9,54 |
| 5 | 0,95 | 1,91 | 2,86 | 3,81 | 4,77 | 5,72 | 6,68 | 7,63 | 8,58 | 9,54 |
| 6 | 0,95 | 1,91 | 2,86 | 3,81 | 4,77 | 5,72 | 6,67 | 7,63 | 8,58 | 9,53 |
| 7 | 0,95 | 1,91 | 2,86 | 3,81 | 4,76 | 5,72 | 6,67 | 7,62 | 8,57 | 9,53 |
| 8 | 0,95 | 1,90 | 2,86 | 3,81 | 4,76 | 5,71 | 6,66 | 7,62 | 8,57 | 9,52 |
| 9 | 0,95 | 1,90 | 2,85 | 3,81 | 4,76 | 5,71 | 6,66 | 7,61 | 8,56 | 9,52 |
| 18,0 | 0,95 | 1,90 | 2,85 | 3,80 | 4,76 | 5,71 | 6,66 | 7,61 | 8,56 | 9,51 |
| 1 | 0,95 | 1,90 | 2,85 | 3,80 | 4,75 | 5,70 | 6,65 | 7,60 | 8,55 | 9,51 |
| 2 | 0,95 | 1,90 | 2,85 | 3,80 | 4,75 | 5,70 | 6,65 | 7,60 | 8,55 | 9,50 |
| 3 | 0,95 | 1,90 | 2,85 | 3,80 | 4,75 | 5,70 | 6,65 | 7,60 | 8,54 | 9,49 |
| 4 | 0,95 | 1,90 | 2,85 | 3,80 | 4,74 | 5,69 | 6,64 | 7,59 | 8,54 | 9,49 |
| 5 | 0,95 | 1,90 | 2,84 | 3,79 | 4,74 | 5,69 | 6,64 | 7,59 | 8,53 | 9,48 |
| 6 | 0,95 | 1,90 | 2,84 | 3,79 | 4,74 | 5,69 | 6,63 | 7,58 | 8,53 | 9,48 |
| 7 | 0,95 | 1,89 | 2,84 | 3,79 | 4,74 | 5,68 | 6,63 | 7,58 | 8,52 | 9,47 |
| 8 | 0,95 | 1,89 | 2,84 | 3,79 | 4,73 | 5,68 | 6,63 | 7,57 | 8,52 | 9,47 |
| 9 | 0,95 | 1,89 | 2,84 | 3,78 | 4,73 | 5,68 | 6,62 | 7,57 | 8,51 | 9,46 |
| 19,0 | 0,95 | 1,89 | 2,84 | 3,78 | 4,73 | 5,67 | 6,62 | 7,56 | 8,51 | 9,46 |
| 1 | 0,94 | 1,89 | 2,83 | 3,78 | 4,72 | 5,67 | 6,61 | 7,56 | 8,50 | 9,45 |
| 2 | 0,94 | 1,89 | 2,83 | 3,78 | 4,72 | 5,67 | 6,61 | 7.56 | 8,50 | 9,44 |
| 3 | 0,94 | 1,89 | 2,83 | 3,78 | 4,72 | 5,66 | 6,61 | 7,55 | 8,49 | 9,44 |
| 4 | 0,94 | 1,89 | 2,83 | 3,77 | 4,72 | 5,66 | 6,60 | 7,55 | 8,49 | 9,43 |
| 5 | 0,94 | 1,89 | 2,83 | 3,77 | 4,71 | 5,66 | 6,60 | 7,54 | 8,48 | 9,43 |
| 6 | 0,94 | 1,88 | 2,83 | 3,77 | 4,71 | 5,65 | 6,59 | 7,54 | 8,48 | 9,42 |
| 7 | 0,94 | 1,88 | 2,82 | 3,77 | 4,71 | 5,65 | 6,59 | 7,53 | 8,47 | 9,41 |
| 8 | 0,94 | 1,88 | 2,82 | 3,76 | 4,70 | 5,65 | 6,59 | 7,53 | 8,47 | 9,41 |
| 9 | 0,94 | 1,88 | 2,82 | 3,76 | 4,70 | 5,64 | 6,58 | 7,52 | 8,46 | 9,40 |

| Nei-gungs-winkel Grad | Flache Länge | | | | | | | | | |
|---|---|---|---|---|---|---|---|---|---|---|
| | 1 m | 2 m | 3 m | 4 m | 5 m | 6 m | 7 m | 8 m | 9 m | 10 m |
| | Seigerteufe in Metern | | | | | | | | | |
| 20,0 | 0,34 | 0,68 | 1,03 | 1,37 | 1,71 | 2,05 | 2,39 | 2,74 | 3,08 | 3,42 |
| 1 | 0,34 | 0,69 | 1,03 | 1,37 | 1,72 | 2,06 | 2,41 | 2,75 | 3,09 | 3,44 |
| 2 | 0,35 | 0,69 | 1,04 | 1,38 | 1,73 | 2,07 | 2,42 | 2,76 | 3,11 | 3,45 |
| 3 | 0,35 | 0,69 | 1,04 | 1,39 | 1,73 | 2,08 | 2,43 | 2,78 | 3,12 | 3,47 |
| 4 | 0,35 | 0,70 | 1,05 | 1,39 | 1,74 | 2,09 | 2,44 | 2,79 | 3,14 | 3,49 |
| 5 | 0,35 | 0,70 | 1,05 | 1,40 | 1,75 | 2,10 | 2,45 | 2,80 | 3,15 | 3,50 |
| 6 | 0,35 | 0,70 | 1,06 | 1,41 | 1,76 | 2,11 | 2,46 | 2,81 | 3,17 | 3,52 |
| 7 | 0,35 | 0,71 | 1,06 | 1,41 | 1,77 | 2,12 | 2,47 | 2,83 | 3,18 | 3,53 |
| 8 | 0,36 | 0,71 | 1,07 | 1,42 | 1,78 | 2,13 | 2,49 | 2,84 | 3,20 | 3,55 |
| 9 | 0,36 | 0,71 | 1,07 | 1,43 | 1,78 | 2,14 | 2,50 | 2,85 | 3,21 | 3,57 |
| 21,0 | 0,36 | 0,72 | 1,08 | 1,43 | 1,79 | 2,15 | 2,51 | 2,87 | 3,23 | 3,58 |
| 1 | 0,36 | 0,72 | 1,08 | 1,44 | 1,80 | 2,16 | 2,52 | 2,88 | 3,24 | 3,60 |
| 2 | 0,36 | 0,72 | 1,09 | 1,45 | 1,81 | 2,17 | 2,53 | 2,89 | 3,25 | 3,62 |
| 3 | 0,36 | 0,73 | 1,09 | 1,45 | 1,82 | 2,18 | 2,54 | 2,91 | 3,27 | 3,63 |
| 4 | 0,36 | 0,73 | 1,09 | 1,46 | 1,82 | 2,19 | 2,55 | 2,92 | 3,28 | 3,65 |
| 5 | 0,37 | 0,73 | 1,10 | 1,47 | 1,83 | 2,20 | 2,57 | 2,93 | 3,30 | 3,67 |
| 6 | 0,37 | 0,74 | 1,10 | 1,47 | 1,84 | 2,21 | 2,58 | 2,94 | 3,31 | 3,68 |
| 7 | 0,37 | 0,74 | 1,11 | 1,48 | 1,85 | 2,22 | 2,59 | 2,96 | 3,33 | 3,70 |
| 8 | 0,37 | 0,74 | 1,11 | 1,49 | 1,86 | 2,23 | 2,60 | 2,97 | 3,34 | 3,71 |
| 9 | 0,37 | 0,75 | 1,12 | 1,49 | 1,86 | 2,24 | 2,61 | 2,98 | 3,36 | 3,73 |
| 22,0 | 0,37 | 0,75 | 1,12 | 1,50 | 1,87 | 2,25 | 2,62 | 3,00 | 3,37 | 3,75 |
| 1 | 0,38 | 0,75 | 1,13 | 1,50 | 1,88 | 2,26 | 2,63 | 3,01 | 3,39 | 3,76 |
| 2 | 0,38 | 0,76 | 1,13 | 1,51 | 1,89 | 2,27 | 2,64 | 3,02 | 3,40 | 3,78 |
| 3 | 0,38 | 0,76 | 1,14 | 1,52 | 1,90 | 2,28 | 2,66 | 3,04 | 3,42 | 3,79 |
| 4 | 0,38 | 0,76 | 1,14 | 1,52 | 1,91 | 2,29 | 2,67 | 3,05 | 3,43 | 3,81 |
| 5 | 0,38 | 0,77 | 1,15 | 1,53 | 1,91 | 2,30 | 2,68 | 3,06 | 3,44 | 3,83 |
| 6 | 0,38 | 0,77 | 1,15 | 1,54 | 1,92 | 2,31 | 2,69 | 3,07 | 3,46 | 3,84 |
| 7 | 0,39 | 0,77 | 1,16 | 1,54 | 1,93 | 2,32 | 2,70 | 3,09 | 3,47 | 3,86 |
| 8 | 0,39 | 0,78 | 1,16 | 1,55 | 1,94 | 2,33 | 2,71 | 3,10 | 3,49 | 3,88 |
| 9 | 0,39 | 0,78 | 1,17 | 1,56 | 1,95 | 2,33 | 2,72 | 3,11 | 3,50 | 3,89 |
| 23,0 | 0,39 | 0,78 | 1,17 | 1,56 | 1,95 | 2,34 | 2,74 | 3,13 | 3,52 | 3,91 |
| 1 | 0,39 | 0,78 | 1,18 | 1,57 | 1,96 | 2,35 | 2,75 | 3,14 | 3,53 | 3,92 |
| 2 | 0,39 | 0,79 | 1,18 | 1,58 | 1,97 | 2,36 | 2,76 | 3,15 | 3,55 | 3,94 |
| 3 | 0,40 | 0,79 | 1,19 | 1,58 | 1,98 | 2,37 | 2,77 | 3,16 | 3,56 | 3,96 |
| 4 | 0,40 | 0,79 | 1,19 | 1,59 | 1,99 | 2,38 | 2,78 | 3,18 | 3,57 | 3,97 |
| 5 | 0,40 | 0,80 | 1,20 | 1,59 | 1,99 | 2,39 | 2,79 | 3,19 | 3,59 | 3,99 |
| 6 | 0,40 | 0,80 | 1,20 | 1,60 | 2,00 | 2,40 | 2,80 | 3,20 | 3,60 | 4,00 |
| 7 | 0,40 | 0,80 | 1,21 | 1,61 | 2,01 | 2,41 | 2,81 | 3,22 | 3,62 | 4,02 |
| 8 | 0,40 | 0,81 | 1,21 | 1,61 | 2,02 | 2,42 | 2,82 | 3,23 | 3,63 | 4,04 |
| 9 | 0,41 | 0,81 | 1,22 | 1,62 | 2,03 | 2,43 | 2,84 | 3,24 | 3,65 | 4,05 |
| 24,0 | 0,41 | 0,81 | 1,22 | 1,63 | 2,03 | 2,44 | 2,85 | 3,25 | 3,66 | 4,07 |
| 1 | 0,41 | 0,82 | 1,22 | 1,63 | 2,04 | 2,45 | 2,86 | 3,27 | 3,67 | 4,08 |
| 2 | 0,41 | 0,82 | 1,23 | 1,64 | 2,05 | 2,46 | 2,87 | 3,28 | 3,69 | 4,10 |
| 3 | 0,41 | 0,82 | 1,23 | 1,65 | 2,06 | 2,47 | 2,88 | 3,29 | 3,70 | 4,12 |
| 4 | 0,41 | 0,83 | 1,24 | 1,65 | 2,07 | 2,48 | 2,89 | 3,30 | 3,72 | 4,13 |
| 5 | 0,41 | 0,83 | 1,24 | 1,66 | 2,07 | 2,49 | 2,90 | 3,32 | 3,73 | 4,15 |
| 6 | 0,42 | 0,83 | 1,25 | 1,67 | 2,08 | 2,50 | 2,91 | 3,33 | 3,75 | 4,16 |
| 7 | 0,42 | 0,84 | 1,25 | 1,67 | 2,09 | 2,51 | 2,93 | 3,34 | 3,76 | 4,18 |
| 8 | 0,42 | 0,84 | 1,26 | 1,68 | 2,10 | 2,52 | 2,94 | 3,36 | 3,78 | 4,19 |
| 9 | 0,42 | 0,84 | 1,26 | 1,68 | 2,11 | 2,53 | 2,95 | 3,37 | 3,79 | 4,21 |

| Nei-gungs-winkel Grad | Flache Länge ||||||||| |
|---|---|---|---|---|---|---|---|---|---|
| | 1 m | 2 m | 3 m | 4 m | 5 m | 6 m | 7 m | 8 m | 9 m | 10 m |
| | Sohle in Metern ||||||||| |
| 20,0 | 0,94 | 1,88 | 2,82 | 3,76 | 4,70 | 5,64 | 6,58 | 7,52 | 8,46 | 9,40 |
| 1 | 0,94 | 1,88 | 2,82 | 3,76 | 4,70 | 5,63 | 6,57 | 7,51 | 8,45 | 9,39 |
| 2 | 0,94 | 1,88 | 2,82 | 3,75 | 4,69 | 5,63 | 6,57 | 7,51 | 8,45 | 9,38 |
| 3 | 0,94 | 1,88 | 2,81 | 3,75 | 4,69 | 5,63 | 6,57 | 7,50 | 8,44 | 9,38 |
| 4 | 0,94 | 1,87 | 2,81 | 3,75 | 4,69 | 5,62 | 6,56 | 7,50 | 8,44 | 9,37 |
| 5 | 0,94 | 1,87 | 2,81 | 3,75 | 4,68 | 5,62 | 6,56 | 7,49 | 8,43 | 9,37 |
| 6 | 0,94 | 1,87 | 2,81 | 3,74 | 4,68 | 5,62 | 6,55 | 7,49 | 8,42 | 9,36 |
| 7 | 0,94 | 1,87 | 2,81 | 3,74 | 4,68 | 5,61 | 6,55 | 7,48 | 8,42 | 9,35 |
| 8 | 0,93 | 1,87 | 2,80 | 3,74 | 4,67 | 5,61 | 6,54 | 7,48 | 8,41 | 9,35 |
| 9 | 0,93 | 1,87 | 2,80 | 3,74 | 4,67 | 5,61 | 6,54 | 7,47 | 8,41 | 9,34 |
| 21,0 | 0,93 | 1,87 | 2,80 | 3,73 | 4,67 | 5,60 | 6,53 | 7,47 | 8,40 | 9,34 |
| 1 | 0,93 | 1,87 | 2,80 | 3,73 | 4,66 | 5,60 | 6,53 | 7,46 | 8,40 | 9,33 |
| 2 | 0,93 | 1,86 | 2,80 | 3,73 | 4,66 | 5,59 | 6,53 | 7,46 | 8,39 | 9,32 |
| 3 | 0,93 | 1,86 | 2,80 | 3,73 | 4,66 | 5,59 | 6,52 | 7,45 | 8,39 | 9,32 |
| 4 | 0,93 | 1,86 | 2,79 | 3,72 | 4,66 | 5,59 | 6,52 | 7,45 | 8,38 | 9,31 |
| 5 | 0,93 | 1,86 | 2,79 | 3,72 | 4,65 | 5,58 | 6,51 | 7,44 | 8,37 | 9,30 |
| 6 | 0,93 | 1,86 | 2,79 | 3,72 | 4,65 | 5,58 | 6,51 | 7,44 | 8,37 | 9,30 |
| 7 | 0,93 | 1,86 | 2,79 | 3,72 | 4,65 | 5,57 | 6,50 | 7,43 | 8,36 | 9,29 |
| 8 | 0,93 | 1,86 | 2,79 | 3,71 | 4,64 | 5,57 | 6,50 | 7,43 | 8,36 | 9,28 |
| 9 | 0,93 | 1,86 | 2,78 | 3,71 | 4,64 | 5,57 | 6,49 | 7,42 | 8,35 | 9,28 |
| 22,0 | 0,93 | 1,85 | 2,78 | 3,71 | 4,64 | 5,56 | 6,49 | 7,42 | 8,34 | 9,27 |
| 1 | 0,93 | 1,85 | 2,78 | 3,71 | 4,63 | 5,56 | 6,49 | 7,41 | 8,34 | 9,27 |
| 2 | 0,93 | 1,85 | 2,78 | 3,70 | 4,63 | 5,56 | 6,48 | 7,41 | 8,33 | 9,26 |
| 3 | 0,93 | 1,85 | 2,78 | 3,70 | 4,63 | 5,55 | 6,48 | 7,40 | 8,33 | 9,25 |
| 4 | 0,92 | 1,85 | 2,77 | 3,70 | 4,62 | 5,55 | 6,47 | 7,40 | 8,32 | 9,25 |
| 5 | 0,92 | 1,85 | 2,77 | 3,70 | 4,62 | 5,54 | 6,47 | 7,39 | 8,31 | 9,24 |
| 6 | 0,92 | 1,85 | 2,77 | 3,69 | 4,62 | 5,54 | 6,46 | 7,39 | 8,31 | 9,23 |
| 7 | 0,92 | 1,85 | 2,77 | 3,69 | 4,61 | 5,54 | 6,46 | 7,38 | 8,30 | 9,23 |
| 8 | 0,92 | 1,84 | 2,77 | 3,69 | 4,61 | 5,53 | 6,45 | 7,37 | 8,30 | 9,22 |
| 9 | 0,92 | 1,84 | 2,76 | 3,68 | 4,61 | 5,53 | 6,45 | 7,37 | 8,29 | 9,21 |
| 23,0 | 0,92 | 1,84 | 2,76 | 3,68 | 4,60 | 5,52 | 6,44 | 7,36 | 8,28 | 9,21 |
| 1 | 0,92 | 1,84 | 2,76 | 3,68 | 4,60 | 5,52 | 6,44 | 7,36 | 8,28 | 9,20 |
| 2 | 0,92 | 1,84 | 2,76 | 3,68 | 4,60 | 5,51 | 6,43 | 7,35 | 8,27 | 9,19 |
| 3 | 0,92 | 1,84 | 2,76 | 3,67 | 4,59 | 5,51 | 6,43 | 7,35 | 8,27 | 9,18 |
| 4 | 0,92 | 1,84 | 2,75 | 3,67 | 4,59 | 5,51 | 6,42 | 7,34 | 8,26 | 9,18 |
| 5 | 0,92 | 1,83 | 2,75 | 3,67 | 4,59 | 5,50 | 6,42 | 7,34 | 8,25 | 9,17 |
| 6 | 0,92 | 1,83 | 2,75 | 3,67 | 4,58 | 5,50 | 6,41 | 7,33 | 8,25 | 9,16 |
| 7 | 0,92 | 1,83 | 2,75 | 3,66 | 4,58 | 5,49 | 6,41 | 7,33 | 8,24 | 9,16 |
| 8 | 0,91 | 1,83 | 2,74 | 3,66 | 4,57 | 5,49 | 6,40 | 7,32 | 8,23 | 9,15 |
| 9 | 0,91 | 1,83 | 2,74 | 3,66 | 4,57 | 5,49 | 6,40 | 7,31 | 8,23 | 9,14 |
| 24,0 | 0,91 | 1,83 | 2,74 | 3,65 | 4,57 | 5,48 | 6,39 | 7,31 | 8,22 | 9,14 |
| 1 | 0,91 | 1,83 | 2,74 | 3,65 | 4,56 | 5,48 | 6,39 | 7,30 | 8,22 | 9,13 |
| 2 | 0,91 | 1,82 | 2,74 | 3,65 | 4,56 | 5,47 | 6,38 | 7,30 | 8,21 | 9,12 |
| 3 | 0,91 | 1,82 | 2,73 | 3,65 | 4,56 | 5,47 | 6,38 | 7,29 | 8,20 | 9,11 |
| 4 | 0,91 | 1,82 | 2,73 | 3,64 | 4,55 | 5,46 | 6,37 | 7,29 | 8,20 | 9,11 |
| 5 | 0,91 | 1,82 | 2,73 | 3,64 | 4,55 | 5,46 | 6,37 | 7,28 | 8,19 | 9,10 |
| 6 | 0,91 | 1,82 | 2,73 | 3,64 | 4,55 | 5,46 | 6,36 | 7,27 | 8,18 | 9,09 |
| 7 | 0,91 | 1,82 | 2,73 | 3,63 | 4,54 | 5,45 | 6,36 | 7,27 | 8,18 | 9,09 |
| 8 | 0,91 | 1,82 | 2,72 | 3,63 | 4,54 | 5,45 | 6,35 | 7,26 | 8,17 | 9,08 |
| 9 | 0,91 | 1,81 | 2,72 | 3,63 | 4,54 | 5,44 | 6,35 | 7,26 | 8,16 | 9,07 |

| Neigungs-winkel Grad | Flache Länge ||||||||||
|---|---|---|---|---|---|---|---|---|---|---|
| | 1 m | 2 m | 3 m | 4 m | 5 m | 6 m | 7 m | 8 m | 9 m | 10 m |
| | Seigerteufe in Metern ||||||||||
| 25,0 | 0,42 | 0,85 | 1,27 | 1,69 | 2,11 | 2,54 | 2,96 | 3,38 | 3,80 | 4,23 |
| 1 | 0,42 | 0,85 | 1,27 | 1,70 | 2,12 | 2,55 | 2,97 | 3,39 | 3,82 | 4,24 |
| 2 | 0,43 | 0,85 | 1,28 | 1,70 | 2,13 | 2,55 | 2,98 | 3,41 | 3,83 | 4,26 |
| 3 | 0,43 | 0,85 | 1,28 | 1,71 | 2,14 | 2,56 | 2,99 | 3,42 | 3,85 | 4,27 |
| 4 | 0,43 | 0,86 | 1,29 | 1,72 | 2,14 | 2,57 | 3,00 | 3,43 | 3,86 | 4,29 |
| 5 | 0,43 | 0,86 | 1,29 | 1,72 | 2,15 | 2,58 | 3,01 | 3,44 | 3,87 | 4,31 |
| 6 | 0,43 | 0,86 | 1,30 | 1,73 | 2,16 | 2,59 | 3,02 | 3,46 | 3,89 | 4,32 |
| 7 | 0,43 | 0,87 | 1,30 | 1,73 | 2,17 | 2,60 | 3,04 | 3,47 | 3,90 | 4,34 |
| 8 | 0,44 | 0,87 | 1,31 | 1,74 | 2,18 | 2,61 | 3,05 | 3,48 | 3,92 | 4,35 |
| 9 | 0,44 | 0,87 | 1,31 | 1,75 | 2,18 | 2,62 | 3,06 | 3,49 | 3,93 | 4,37 |
| 26,0 | 0,44 | 0,88 | 1,32 | 1,75 | 2,19 | 2,63 | 3,07 | 3,51 | 3,95 | 4,38 |
| 1 | 0,44 | 0,88 | 1,32 | 1,76 | 2,20 | 2,64 | 3,08 | 3,52 | 3,96 | 4,40 |
| 2 | 0,44 | 0,88 | 1,32 | 1,77 | 2,21 | 2,65 | 3,09 | 3,53 | 3,97 | 4,42 |
| 3 | 0,44 | 0,89 | 1,33 | 1,77 | 2,22 | 2,66 | 3,10 | 3,54 | 3,99 | 4,43 |
| 4 | 0,44 | 0,89 | 1,33 | 1,78 | 2,22 | 2,67 | 3,11 | 3,56 | 4,00 | 4,45 |
| 5 | 0,45 | 0,89 | 1,34 | 1,78 | 2,23 | 2,68 | 3,12 | 3,57 | 4,02 | 4,46 |
| 6 | 0,45 | 0,90 | 1,34 | 1,79 | 2,24 | 2,69 | 3,13 | 3,58 | 4,03 | 4,48 |
| 7 | 0,45 | 0,90 | 1,35 | 1,80 | 2,25 | 2,70 | 3,15 | 3,59 | 4,04 | 4,49 |
| 8 | 0,45 | 0,90 | 1,35 | 1,80 | 2,25 | 2,71 | 3,16 | 3,61 | 4,06 | 4,51 |
| 9 | 0,45 | 0,90 | 1,36 | 1,81 | 2,26 | 2,71 | 3,17 | 3,62 | 4,07 | 4,52 |
| 27,0 | 0,45 | 0,91 | 1,36 | 1,82 | 2,27 | 2,72 | 3,18 | 3,63 | 4,09 | 4,54 |
| 1 | 0,46 | 0,91 | 1,37 | 1,82 | 2,28 | 2,73 | 3,19 | 3,64 | 4,10 | 4,56 |
| 2 | 0,46 | 0,91 | 1,37 | 1,83 | 2,29 | 2,74 | 3,20 | 3,66 | 4,11 | 4,57 |
| 3 | 0,46 | 0,92 | 1,38 | 1,83 | 2,29 | 2,75 | 3,21 | 3,67 | 4,13 | 4,59 |
| 4 | 0,46 | 0,92 | 1,38 | 1,84 | 2,30 | 2,76 | 3,22 | 3,68 | 4,14 | 4,60 |
| 5 | 0,46 | 0,92 | 1,39 | 1,85 | 2,31 | 2,77 | 3,23 | 3,69 | 4,16 | 4,62 |
| 6 | 0,46 | 0,93 | 1,39 | 1,85 | 2,32 | 2,78 | 3,24 | 3,71 | 4,17 | 4,63 |
| 7 | 0,46 | 0,93 | 1,39 | 1,86 | 2,32 | 2,79 | 3,25 | 3,72 | 4,18 | 4,65 |
| 8 | 0,47 | 0,93 | 1,40 | 1,87 | 2,33 | 2,80 | 3,26 | 3,73 | 4,20 | 4,66 |
| 9 | 0,47 | 0,94 | 1,40 | 1,87 | 2,34 | 2,81 | 3,28 | 3,74 | 4,21 | 4,68 |
| 28,0 | 0,47 | 0,94 | 1,41 | 1,88 | 2,35 | 2,82 | 3,29 | 3,76 | 4,23 | 4,69 |
| 1 | 0,47 | 0,94 | 1,41 | 1,88 | 2,36 | 2,83 | 3,30 | 8,77 | 4,24 | 4,71 |
| 2 | 0,47 | 0,95 | 1,42 | 1,89 | 2,36 | 2,84 | 3,31 | 3,78 | 4,25 | 4,73 |
| 3 | 0,47 | 0,95 | 1,42 | 1,90 | 2,37 | 2,84 | 3,32 | 3,79 | 4,27 | 4,74 |
| 4 | 0,48 | 0,95 | 1,43 | 1,90 | 2,38 | 2,85 | 3,33 | 3,80 | 4,28 | 4,76 |
| 5 | 0,48 | 0,95 | 1,43 | 1,91 | 2,39 | 2,86 | 3,34 | 3,82 | 4,29 | 4,77 |
| 6 | 0,48 | 0,96 | 1,44 | 1,91 | 2,39 | 2,87 | 3,35 | 3,83 | 4,31 | 4,79 |
| 7 | 0,48 | 0,96 | 1,44 | 1,92 | 2,40 | 2,88 | 3,36 | 3,84 | 4,32 | 4,80 |
| 8 | 0,48 | 0,96 | 1,45 | 1,93 | 2,41 | 2,89 | 3,37 | 3,85 | 4,34 | 4,82 |
| 9 | 0,48 | 0,97 | 1,45 | 1,93 | 2,42 | 2,90 | 3,38 | 3,87 | 4,35 | 4,83 |
| 29,0 | 0,48 | 0,97 | 1,45 | 1,94 | 2,42 | 2,91 | 3,39 | 3,88 | 4,36 | 4,85 |
| 1 | 0,49 | 0,97 | 1,46 | 1,95 | 2,43 | 2,92 | 3,40 | 3,89 | 4,38 | 4,86 |
| 2 | 0,49 | 0,98 | 1,46 | 1,95 | 2,44 | 2,93 | 3,42 | 3,90 | 4,39 | 4,88 |
| 3 | 0,49 | 0,98 | 1,47 | 1,96 | 2,45 | 2,94 | 3,43 | 3,92 | 4,40 | 4,89 |
| 4 | 0,49 | 0,98 | 1,47 | 1,96 | 2,45 | 2,95 | 3,44 | 3,93 | 4,42 | 4,91 |
| 5 | 0,49 | 0,98 | 1,48 | 1,97 | 2,46 | 2,95 | 3,45 | 3,94 | 4,43 | 4,92 |
| 6 | 0,49 | 0,99 | 1,48 | 1,98 | 2,47 | 2,96 | 3,46 | 3,95 | 4,45 | 4,94 |
| 7 | 0,50 | 0,99 | 1,49 | 1,98 | 2,48 | 2,97 | 3,47 | 3,96 | 4,46 | 4,95 |
| 8 | 0,50 | 0,99 | 1,49 | 1,99 | 2,48 | 2,98 | 3,48 | 3,98 | 4,47 | 4,97 |
| 9 | 0,50 | 1,00 | 1,50 | 1,99 | 2,49 | 2,99 | 3,49 | 3,99 | 4,49 | 4,98 |

| Nei-gungs-winkel Grad | Flache Länge | | | | | | | | | |
|---|---|---|---|---|---|---|---|---|---|---|
| | 1 m | 2 m | 3 m | 4 m | 5 m | 6 m | 7 m | 8 m | 9 m | 10 m |
| | Sohle in Metern | | | | | | | | | |
| 25,0 | 0,91 | 1,81 | 2,72 | 3,63 | 4,53 | 5,44 | 6,34 | 7,25 | 8,16 | 9,06 |
| 1 | 0,91 | 1,81 | 2,72 | 3,62 | 4,53 | 5,43 | 6,34 | 7,24 | 8,15 | 9,06 |
| 2 | 0,90 | 1,81 | 2,71 | 3,62 | 4,52 | 5,43 | 6,33 | 7,24 | 8,14 | 9,05 |
| 3 | 0,90 | 1,81 | 2,71 | 3,62 | 4,52 | 5,42 | 6,33 | 7,23 | 8,14 | 9,04 |
| 4 | 0,90 | 1,81 | 2,71 | 3,61 | 4,52 | 5,42 | 6,32 | 7,23 | 8,13 | 9,03 |
| 5 | 0,90 | 1,81 | 2,71 | 3,61 | 4,51 | 5,42 | 6,32 | 7,22 | 8,12 | 9,03 |
| 6 | 0,90 | 1,80 | 2,71 | 3,61 | 4,51 | 5,41 | 6,31 | 7,21 | 8,12 | 9,02 |
| 7 | 0,90 | 1,80 | 2,70 | 3,60 | 4,51 | 5,41 | 6,31 | 7,21 | 8,11 | 9,01 |
| 8 | 0,90 | 1,80 | 2,70 | 3,60 | 4,50 | 5,40 | 6,30 | 7,20 | 8,10 | 9,00 |
| 9 | 0,90 | 1,80 | 2,70 | 3,60 | 4,50 | 5,40 | 6,30 | 7,20 | 8,10 | 9,00 |
| 26,0 | 0,90 | 1,80 | 2,70 | 3,60 | 4,49 | 5,39 | 6,29 | 7,19 | 8,09 | 8,99 |
| 1 | 0,90 | 1,80 | 2,69 | 3,59 | 4,49 | 5,39 | 6,29 | 7,18 | 8,08 | 8,98 |
| 2 | 0,90 | 1,79 | 2,69 | 3,59 | 4,49 | 5,38 | 6,28 | 7,18 | 8,08 | 8,97 |
| 3 | 0,90 | 1,79 | 2,69 | 3,59 | 4,48 | 5,38 | 6,28 | 7,17 | 8,07 | 8,96 |
| 4 | 0,90 | 1,79 | 2,69 | 3,58 | 4,48 | 5,37 | 6,27 | 7,17 | 8,06 | 8,96 |
| 5 | 0,89 | 1,79 | 2,68 | 3,58 | 4,47 | 5,37 | 6,26 | 7,16 | 8,05 | 8,95 |
| 6 | 0,89 | 1,79 | 2,68 | 3,58 | 4,47 | 5,36 | 6,26 | 7,15 | 8,05 | 8,94 |
| 7 | 0,89 | 1,79 | 2,68 | 3,57 | 4,47 | 5,36 | 6,25 | 7,15 | 8,04 | 8,93 |
| 8 | 0,89 | 1,79 | 2,68 | 3,57 | 4,46 | 5,36 | 6,25 | 7,14 | 8,03 | 8,93 |
| 9 | 0,89 | 1,78 | 2,68 | 3,57 | 4,46 | 5,35 | 6,24 | 7,13 | 8,03 | 8,92 |
| 27,0 | 0,89 | 1,78 | 2,67 | 3,56 | 4,46 | 5,35 | 6,24 | 7,13 | 8,02 | 8,91 |
| 1 | 0,89 | 1,78 | 2,67 | 3,56 | 4,45 | 5,34 | 6,23 | 7,12 | 8,01 | 8,90 |
| 2 | 0,89 | 1,78 | 2,67 | 3,56 | 4,45 | 5,34 | 6,23 | 7,12 | 8,00 | 8,89 |
| 3 | 0,89 | 1,78 | 2,67 | 3,55 | 4,44 | 5,33 | 6,22 | 7,11 | 8,00 | 8,89 |
| 4 | 0,89 | 1,78 | 2,66 | 3,55 | 4,44 | 5,33 | 6,21 | 7,10 | 7,99 | 8,88 |
| 5 | 0,89 | 1,77 | 2,66 | 3,55 | 4,44 | 5,32 | 6,21 | 7,10 | 7,98 | 8,87 |
| 6 | 0,89 | 1,77 | 2,66 | 3,54 | 4,43 | 5,32 | 6,20 | 7,09 | 7,98 | 8,86 |
| 7 | 0,89 | 1,77 | 2,66 | 3,54 | 4,43 | 5,31 | 6,20 | 7,08 | 7,97 | 8,85 |
| 8 | 0,88 | 1,77 | 2,65 | 3,54 | 4,42 | 5,31 | 6,19 | 7,08 | 7,96 | 8,85 |
| 9 | 0,88 | 1,77 | 2,65 | 3,54 | 4,42 | 5,30 | 6,19 | 7,07 | 7,95 | 8,84 |
| 28,0 | 0,88 | 1,77 | 2,65 | 3,53 | 4,41 | 5,30 | 6,18 | 7,06 | 7,95 | 8,83 |
| 1 | 0,88 | 1,76 | 2,65 | 3,53 | 4,41 | 5,29 | 6,17 | 7,06 | 7,94 | 8,82 |
| 2 | 0,88 | 1,76 | 2,64 | 3,53 | 4,41 | 5,29 | 6,17 | 7,05 | 7,93 | 8,81 |
| 3 | 0,88 | 1,76 | 2,64 | 3,52 | 4,40 | 5,28 | 6,16 | 7,04 | 7,92 | 8,80 |
| 4 | 0,88 | 1,76 | 2,64 | 3,52 | 4,40 | 5,28 | 6,16 | 7,04 | 7,92 | 8,80 |
| 5 | 0,88 | 1,76 | 2,64 | 3,52 | 4,39 | 5,27 | 6,15 | 7,03 | 7,91 | 8,79 |
| 6 | 0,88 | 1,76 | 2,63 | 3,51 | 4,39 | 5,27 | 6,15 | 7,02 | 7,90 | 8,78 |
| 7 | 0,88 | 1,75 | 2,63 | 3,51 | 4,39 | 5,26 | 6,14 | 7,02 | 7,89 | 8,77 |
| 8 | 0,88 | 1,75 | 2,63 | 3,51 | 4,38 | 5,26 | 6,13 | 7,01 | 7,89 | 8,76 |
| 9 | 0,88 | 1,75 | 2,63 | 3,50 | 4,38 | 5,25 | 6,13 | 7,00 | 7,88 | 8,75 |
| 29,0 | 0,87 | 1,75 | 2,62 | 3,50 | 4,37 | 5,25 | 6,12 | 7,00 | 7,87 | 8,75 |
| 1 | 0,87 | 1,75 | 2,62 | 3,50 | 4,37 | 5,24 | 6,12 | 6,99 | 7,86 | 8,74 |
| 2 | 0,87 | 1,75 | 2,62 | 3,49 | 4,36 | 5,24 | 6,11 | 6,98 | 7,86 | 8,73 |
| 3 | 0,87 | 1,74 | 2,62 | 3,49 | 4,36 | 5,23 | 6,10 | 6,98 | 7,85 | 8,72 |
| 4 | 0,87 | 1,74 | 2,61 | 3,48 | 4,36 | 5,23 | 6,10 | 6,97 | 7,84 | 8,71 |
| 5 | 0,87 | 1,74 | 2,61 | 3,48 | 4,35 | 5,22 | 6,09 | 6,96 | 7,83 | 8,70 |
| 6 | 0,87 | 1,74 | 2,61 | 3,48 | 4,35 | 5,22 | 6,09 | 6,96 | 7,83 | 8,69 |
| 7 | 0,87 | 1,74 | 2,61 | 3,47 | 4,34 | 5,21 | 6,08 | 6,95 | 7,82 | 8,69 |
| 8 | 0,87 | 1,74 | 2,60 | 3,47 | 4,34 | 5,21 | 6,07 | 6,94 | 7,81 | 8,68 |
| 9 | 0,87 | 1,73 | 2,60 | 3,47 | 4,33 | 5,20 | 6,07 | 6,94 | 7,80 | 8,67 |

| Neigungswinkel Grad | Flache Länge ||||||||||
|---|---|---|---|---|---|---|---|---|---|---|
| | 1 m | 2 m | 3 m | 4 m | 5 m | 6 m | 7 m | 8 m | 9 m | 10 m |
| | Seigerteufe in Metern ||||||||||
| 30,0 | 0,50 | 1,00 | 1,50 | 2,00 | 2,50 | 3,00 | 3,50 | 4,00 | 4,50 | 5,00 |
| 1 | 0,50 | 1,00 | 1,50 | 2,01 | 2,51 | 3,01 | 3,51 | 4,01 | 4,51 | 5,02 |
| 2 | 0,50 | 1,01 | 1,51 | 2,01 | 2,52 | 3,02 | 3,52 | 4,02 | 4,53 | 5,03 |
| 3 | 0,50 | 1,01 | 1,51 | 2,02 | 2,52 | 3,03 | 3,53 | 4,04 | 4,54 | 5,05 |
| 4 | 0,51 | 1,01 | 1,52 | 2,02 | 2,53 | 3,04 | 3,54 | 4,05 | 4,55 | 5,06 |
| 5 | 0,51 | 1,02 | 1,52 | 2,03 | 2,54 | 3,05 | 3,55 | 4,06 | 4,57 | 5,08 |
| 6 | 0,51 | 1,02 | 1,53 | 2,04 | 2,55 | 3,05 | 3,56 | 4,07 | 4,58 | 5,09 |
| 7 | 0,51 | 1,02 | 1,53 | 2,04 | 2,55 | 3,06 | 3,57 | 4,08 | 4,59 | 5,11 |
| 8 | 0,51 | 1,02 | 1,54 | 2,05 | 2,56 | 3,07 | 3,58 | 4,10 | 4,61 | 5,12 |
| 9 | 0,51 | 1,03 | 1,54 | 2,05 | 2,57 | 3,08 | 3,59 | 4,11 | 4,62 | 5,14 |
| 31,0 | 0,52 | 1,03 | 1,55 | 2,06 | 2,58 | 3,09 | 3,61 | 4,12 | 4,64 | 5,15 |
| 1 | 0,52 | 1,03 | 1,55 | 2,07 | 2,58 | 3,10 | 3,62 | 4,13 | 4,65 | 5,17 |
| 2 | 0,52 | 1,04 | 1,55 | 2,07 | 2,59 | 3,11 | 3,63 | 4,14 | 4,66 | 5,18 |
| 3 | 0,52 | 1,04 | 1,56 | 2,08 | 2,60 | 3,12 | 3,64 | 4,16 | 4,68 | 5,20 |
| 4 | 0,52 | 1,04 | 1,56 | 2,08 | 2,61 | 3,13 | 3,65 | 4,17 | 4,69 | 5,21 |
| 5 | 0,52 | 1,04 | 1,57 | 2,09 | 2,61 | 3,13 | 3,66 | 4,18 | 4,70 | 5,22 |
| 6 | 0,52 | 1,05 | 1,57 | 2,10 | 2,62 | 3,14 | 3,67 | 4,19 | 4,72 | 5,24 |
| 7 | 0,53 | 1,05 | 1,58 | 2,10 | 2,63 | 3,15 | 3,68 | 4,20 | 4,73 | 5,25 |
| 8 | 0,53 | 1,05 | 1,58 | 2,11 | 2,63 | 3,16 | 3,69 | 4,22 | 4,74 | 5,27 |
| 9 | 0,53 | 1,06 | 1,59 | 2,11 | 2,64 | 3,17 | 3,70 | 4,23 | 4,76 | 5,28 |
| 32,0 | 0,53 | 1,06 | 1,59 | 2,12 | 2,65 | 3,18 | 3,71 | 4,24 | 4,77 | 5,30 |
| 1 | 0,53 | 1,06 | 1,59 | 2,13 | 2,66 | 3,19 | 3,72 | 4,25 | 4,78 | 5,31 |
| 2 | 0,53 | 1,07 | 1,60 | 2,13 | 2,66 | 3,20 | 3,73 | 4,26 | 4,80 | 5,33 |
| 3 | 0,53 | 1,07 | 1,60 | 2,14 | 2,67 | 3,21 | 3,74 | 4,27 | 4,81 | 5,34 |
| 4 | 0,54 | 1,07 | 1,61 | 2,14 | 2,68 | 3,21 | 3,75 | 4,29 | 4,82 | 5,36 |
| 5 | 0,54 | 1,07 | 1,61 | 2,15 | 2,69 | 3,22 | 3,76 | 4,30 | 4,84 | 5,37 |
| 6 | 0,54 | 1,08 | 1,62 | 2,16 | 2,69 | 3,23 | 3,77 | 4,31 | 4.85 | 5,39 |
| 7 | 0,54 | 1,08 | 1,62 | 2,16 | 2,70 | 3,24 | 3,78 | 4,32 | 4,86 | 5,40 |
| 8 | 0,54 | 1,08 | 1,63 | 2,17 | 2,71 | 3,25 | 3,79 | 4,33 | 4,88 | 5,42 |
| 9 | 0,54 | 1,09 | 1,63 | 2,17 | 2,72 | 3,26 | 3,80 | 4,35 | 4,89 | 5,43 |
| 33,0 | 0,54 | 1,09 | 1,63 | 2,18 | 2,72 | 3,27 | 3,81 | 4,36 | 4,90 | 5,45 |
| 1 | 0,55 | 1,09 | 1,64 | 2,18 | 2,73 | 3,28 | 3,82 | 4,37 | 4,91 | 5,46 |
| 2 | 0,55 | 1,10 | 1,64 | 2,19 | 2,74 | 3,29 | 3,83 | 4,38 | 4,93 | 5,48 |
| 3 | 0,55 | 1,10 | 1,65 | 2,20 | 2,75 | 3,29 | 3,84 | 4,39 | 4,94 | 5,49 |
| 4 | 0,55 | 1,10 | 1,65 | 2,20 | 2,75 | 3,30 | 3,85 | 4,40 | 4,95 | 5,50 |
| 5 | 0,55 | 1,10 | 1,66 | 2,21 | 2,76 | 3,31 | 3,86 | 4,42 | 4,97 | 5,52 |
| 6 | 0,55 | 1,11 | 1,66 | 2,21 | 2,77 | 3,32 | 3,87 | 4,43 | 4,98 | 5,53 |
| 7 | 0,55 | 1,11 | 1,66 | 2,22 | 2,77 | 3,33 | 3,88 | 4,44 | 4,99 | 5,55 |
| 8 | 0,56 | 1,11 | 1,67 | 2,23 | 2,78 | 3,34 | 3,89 | 4,45 | 5,01 | 5,56 |
| 9 | 0,56 | 1,12 | 1,67 | 2,23 | 2,79 | 3,35 | 3,90 | 4,46 | 5,02 | 5,58 |
| 34,0 | 0,56 | 1,12 | 1,68 | 2,24 | 2,80 | 3,36 | 3,91 | 4,47 | 5,03 | 5,59 |
| 1 | 0,56 | 1,12 | 1,68 | 2,24 | 2,80 | 3,36 | 3,92 | 4,49 | 5,05 | 5,61 |
| 2 | 0,56 | 1,12 | 1,69 | 2,25 | 2,81 | 3,37 | 3,93 | 4,50 | 5,06 | 5,62 |
| 3 | 0,56 | 1,13 | 1,69 | 2,25 | 2,82 | 3,38 | 3,94 | 4,51 | 5,07 | 5,64 |
| 4 | 0,56 | 1,13 | 1,69 | 2,26 | 2,82 | 5,39 | 3,95 | 4,52 | 5,08 | 5,65 |
| 5 | 0,57 | 1,13 | 1,70 | 2,27 | 2,83 | 3,40 | 3,96 | 4,53 | 5,10 | 5,66 |
| 6 | 0,57 | 1,14 | 1,70 | 2,27 | 2,84 | 3,41 | 3,97 | 4,54 | 5,11 | 5,68 |
| 7 | 0,57 | 1,14 | 1,71 | 2,28 | 2,85 | 3,42 | 3,98 | 4,55 | 5,12 | 5,69 |
| 8 | 0,57 | 1,14 | 1,71 | 2,28 | 2,85 | 3,42 | 3,99 | 4,57 | 5,14 | 5,71 |
| 9 | 0,57 | 1,14 | 1,72 | 2,29 | 2,86 | 3,43 | 4,01 | 4,58 | 5,15 | 5,72 |

| Nei-gungs-winkel | Flache Länge | | | | | | | | | |
|---|---|---|---|---|---|---|---|---|---|---|
| | 1 m | 2 m | 3 m | 4 m | 5 m | 6 m | 7 m | 8 m | 9 m | 10 m |
| Grad | Sohle in Metern | | | | | | | | | |
| 30,0 | 0,87 | 1,73 | 2,60 | 3,46 | 4,33 | 5,20 | 6,06 | 6,93 | 7,79 | 8,66 |
| 1 | 0,87 | 1,73 | 2,60 | 3,46 | 4,33 | 5,19 | 6,06 | 6,92 | 7,79 | 8,65 |
| 2 | 0,86 | 1,73 | 2,59 | 3,46 | 4,32 | 5,19 | 6,05 | 6,91 | 7,78 | 8,64 |
| 3 | 0,86 | 1,73 | 2,59 | 3,45 | 4,32 | 5,18 | 6,04 | 6,91 | 7,77 | 8,63 |
| 4 | 0,86 | 1,73 | 2,59 | 3,45 | 4,31 | 5,18 | 6,04 | 6,90 | 7,76 | 8,63 |
| 5 | 0,86 | 1,72 | 2,58 | 3,45 | 4,31 | 5,17 | 6,03 | 6,89 | 7,75 | 8,62 |
| 6 | 0,86 | 1,72 | 2,58 | 3,44 | 4,30 | 5,16 | 6,03 | 6,89 | 7,75 | 8,61 |
| 7 | 0,86 | 1,72 | 2,58 | 3,44 | 4,30 | 5,16 | 6,02 | 6,88 | 7,74 | 8,60 |
| 8 | 0,86 | 1,72 | 2,58 | 3,44 | 4,29 | 5,15 | 6,01 | 6,87 | 7,73 | 8,59 |
| 9 | 0,86 | 1,72 | 2,57 | 3,43 | 4,29 | 5,15 | 6,01 | 6,86 | 7,72 | 8,58 |
| 31,0 | 0,86 | 1,71 | 2,57 | 3,43 | 4,29 | 5,14 | 6,00 | 6,86 | 7,71 | 8,57 |
| 1 | 0,86 | 1,71 | 2,57 | 3,43 | 4,28 | 5,14 | 5,99 | 6,85 | 7,71 | 8,56 |
| 2 | 0,86 | 1,71 | 2,57 | 3,42 | 4,28 | 5,13 | 5,99 | 6,84 | 7,70 | 8,55 |
| 3 | 0,85 | 1,71 | 2,56 | 3,42 | 4,27 | 5,13 | 5,98 | 6,84 | 7,69 | 8,54 |
| 4 | 0,85 | 1,71 | 2,56 | 3,41 | 4,27 | 5,12 | 5,97 | 6,83 | 7,68 | 8,54 |
| 5 | 0,85 | 1,71 | 2,56 | 3,41 | 4,26 | 5,12 | 5,97 | 6,82 | 7,67 | 8,53 |
| 6 | 0,85 | 1,70 | 2,56 | 3,41 | 4,26 | 5,11 | 5,96 | 6,81 | 7,67 | 8,52 |
| 7 | 0,85 | 1,70 | 2,55 | 3,40 | 4,25 | 5,10 | 5,96 | 6,81 | 7,66 | 8,51 |
| 8 | 0,85 | 1,70 | 2,55 | 3,40 | 4,25 | 5,10 | 5,95 | 6,80 | 7,65 | 8,50 |
| 9 | 0,85 | 1,70 | 2,55 | 3,40 | 4,24 | 5,09 | 5,94 | 6,79 | 7,64 | 8,49 |
| 32,0 | 0,85 | 1,70 | 2,54 | 3,39 | 4,24 | 5,09 | 5,94 | 6,78 | 7,63 | 8,48 |
| 1 | 0,85 | 1,69 | 2,54 | 3,39 | 4,24 | 5,08 | 5,93 | 6,78 | 7,62 | 8,47 |
| 2 | 0,85 | 1,69 | 2,54 | 3,38 | 4,23 | 5,08 | 5,92 | 6,77 | 7,62 | 8,46 |
| 3 | 0,85 | 1,69 | 2,54 | 3,38 | 4,23 | 5,07 | 5,92 | 6,76 | 7,61 | 8,45 |
| 4 | 0,84 | 1,69 | 2,53 | 3,38 | 4,22 | 5,07 | 5,91 | 6,75 | 7,60 | 8,44 |
| 5 | 0,84 | 1,69 | 2,53 | 3,37 | 4,22 | 5,06 | 5,90 | 6,75 | 7,59 | 8,43 |
| 6 | 0,84 | 1,68 | 2,53 | 3,37 | 4,21 | 5,05 | 5,90 | 6,74 | 7,58 | 8,42 |
| 7 | 0,84 | 1,68 | 2,52 | 3,37 | 4,21 | 5,05 | 5,89 | 6,73 | 7,57 | 8,42 |
| 8 | 0,84 | 1,68 | 2,52 | 3,36 | 4,20 | 5,04 | 5,88 | 6,72 | 7,57 | 8,41 |
| 9 | 0,84 | 1,68 | 2,52 | 3,36 | 4,20 | 5,04 | 5,88 | 6,72 | 7,56 | 8,40 |
| 33,0 | 0,84 | 1,68 | 2,52 | 3,35 | 4,19 | 5,03 | 5,87 | 6,71 | 7,55 | 8,39 |
| 1 | 0,84 | 1,68 | 2,51 | 3,35 | 4,19 | 5,03 | 5,86 | 6,70 | 7,54 | 8,38 |
| 2 | 0,84 | 1,67 | 2,51 | 3,35 | 4,18 | 5,02 | 5,86 | 6,69 | 7,53 | 8,37 |
| 3 | 0,84 | 1,67 | 2,51 | 3,34 | 4,18 | 5,01 | 5,85 | 6,69 | 7,52 | 8,36 |
| 4 | 0,83 | 1,67 | 2,50 | 3,34 | 4,17 | 5,01 | 5,84 | 6,68 | 7,51 | 8,35 |
| 5 | 0,83 | 1,67 | 2,50 | 3,34 | 4,17 | 5,00 | 5,84 | 6,67 | 7,50 | 8,34 |
| 6 | 0,83 | 1,67 | 2,50 | 3,33 | 4,16 | 5,00 | 5,83 | 6,66 | 7,50 | 8,33 |
| 7 | 0,83 | 1,66 | 2,50 | 3,33 | 4,16 | 4,99 | 5,82 | 6,66 | 7,49 | 8,32 |
| 8 | 0,83 | 1,66 | 2,49 | 3,32 | 4,15 | 4,99 | 5,82 | 6,65 | 7,48 | 8,31 |
| 9 | 0,83 | 1,66 | 2,49 | 3,32 | 4,15 | 4,98 | 5,81 | 6,64 | 7,47 | 8,30 |
| 34,0 | 0,83 | 1,66 | 2,49 | 3,32 | 4,15 | 4,97 | 5,80 | 6,63 | 7,46 | 8,29 |
| 1 | 0,83 | 1,66 | 2,48 | 3,31 | 4,14 | 4,97 | 5,80 | 6,62 | 7,45 | 8,28 |
| 2 | 0,83 | 1,65 | 2,48 | 3,31 | 4,14 | 4,96 | 5,79 | 6,62 | 7,44 | 8,27 |
| 3 | 0,83 | 1,65 | 2,48 | 3,30 | 4,13 | 4,96 | 5,78 | 6,61 | 7,43 | 8,26 |
| 4 | 0,83 | 1,65 | 2,48 | 3,30 | 4,13 | 4,95 | 5,78 | 6,60 | 7,43 | 8,25 |
| 5 | 0,82 | 1,65 | 2,47 | 3,30 | 4,12 | 4,94 | 5,77 | 6,59 | 7,42 | 8,24 |
| 6 | 0,82 | 1,65 | 2,47 | 3,29 | 4,12 | 4,94 | 5,76 | 6,59 | 7,41 | 8,23 |
| 7 | 0,82 | 1,64 | 2,47 | 3,29 | 4,11 | 4,93 | 5,76 | 6,58 | 7,40 | 8,22 |
| 8 | 0,82 | 1,64 | 2,46 | 3,28 | 4,11 | 4,93 | 5,75 | 6,57 | 7,39 | 8,21 |
| 9 | 0,82 | 1,64 | 2,46 | 3,28 | 4,10 | 4,92 | 5,74 | 6,56 | 7,38 | 8,20 |

| Neigungs-winkel | Flache Länge | | | | | | | | | |
|---|---|---|---|---|---|---|---|---|---|---|
| | 1 m | 2 m | 3 m | 4 m | 5 m | 6 m | 7 m | 8 m | 9 m | 10 m |
| Grad | Seigerteufe in Metern | | | | | | | | | |
| 35,0 | 0,57 | 1,15 | 1,72 | 2,29 | 2,87 | 3,44 | 4,02 | 4,59 | 5,16 | 5,74 |
| 1 | 0,58 | 1,15 | 1,73 | 2,30 | 2,88 | 3,45 | 4,03 | 4,60 | 5,18 | 5,75 |
| 2 | 0,58 | 1,15 | 1,73 | 2,31 | 2,88 | 3,46 | 4,04 | 4,61 | 5,19 | 5,76 |
| 3 | 0,58 | 1,16 | 1,73 | 2,31 | 2,89 | 3,47 | 4,05 | 4,62 | 5,20 | 5,78 |
| 4 | 0,58 | 1,16 | 1,74 | 2,32 | 2,90 | 3,48 | 4,05 | 4,63 | 5,21 | 5,79 |
| 5 | 0,58 | 1,16 | 1,74 | 2,32 | 2,90 | 3,48 | 4,06 | 4,65 | 5,23 | 5,81 |
| 6 | 0,58 | 1,16 | 1,75 | 2,33 | 2,91 | 3,49 | 4,07 | 4,66 | 5,24 | 5,82 |
| 7 | 0,58 | 1,17 | 1,75 | 2,33 | 2,92 | 3,50 | 4,08 | 4,67 | 5,25 | 5,84 |
| 8 | 0,58 | 1,17 | 1,75 | 2,34 | 2,92 | 3,51 | 4,09 | 4,68 | 5,26 | 5,85 |
| 9 | 0,59 | 1,17 | 1,76 | 2,35 | 2,93 | 3,52 | 4,10 | 4,69 | 5,28 | 5,86 |
| 36,0 | 0,59 | 1,18 | 1,76 | 2,35 | 2,94 | 3,53 | 4,11 | 4,70 | 5,29 | 5,88 |
| 1 | 0,59 | 1,18 | 1,77 | 2,36 | 2,95 | 3,54 | 4,12 | 4,71 | 5,30 | 5,89 |
| 2 | 0,59 | 1,18 | 1,77 | 2,36 | 2,95 | 3,54 | 4,13 | 4,72 | 5,32 | 5,91 |
| 3 | 0,59 | 1,18 | 1,78 | 2,37 | 2,96 | 3,55 | 4,14 | 4,74 | 5,33 | 5,92 |
| 4 | 0,59 | 1,19 | 1,78 | 2,37 | 2,97 | 3,56 | 4,15 | 4,75 | 5,34 | 5,93 |
| 5 | 0,59 | 1,19 | 1,78 | 2,38 | 2,97 | 3,57 | 4,16 | 4,76 | 5,35 | 5,95 |
| 6 | 0,60 | 1,19 | 1,79 | 2,38 | 2,98 | 3,58 | 4,17 | 4,77 | 5,37 | 5,96 |
| 7 | 0,60 | 1,20 | 1,79 | 2,39 | 2,99 | 3,59 | 4,18 | 4,78 | 5,38 | 5,98 |
| 8 | 0,60 | 1,20 | 1,80 | 2,40 | 3,00 | 3,59 | 4,19 | 4,79 | 5,39 | 5,99 |
| 9 | 0,60 | 1,20 | 1,80 | 2,40 | 3,00 | 3,60 | 4,20 | 4,80 | 5,40 | 6,00 |
| 37,0 | 0,60 | 1,20 | 1,81 | 2,41 | 3,01 | 3,61 | 4,21 | 4,81 | 5,42 | 6,02 |
| 1 | 0,60 | 1,21 | 1,81 | 2,41 | 3,02 | 3,62 | 4,22 | 4,83 | 5,43 | 6,03 |
| 2 | 0,60 | 1,21 | 1,81 | 2,42 | 3,02 | 3,63 | 4,23 | 4,84 | 5,44 | 6,05 |
| 3 | 0,61 | 1,21 | 1,82 | 2,42 | 3,03 | 3,64 | 4,24 | 4,85 | 5,45 | 6,06 |
| 4 | 0,61 | 1,21 | 1,82 | 2,43 | 3,04 | 3,64 | 4,25 | 4,86 | 5,47 | 6,07 |
| 5 | 0,61 | 1,22 | 1,83 | 2,44 | 3,04 | 3,65 | 4,26 | 4,87 | 5,48 | 6,09 |
| 6 | 0,61 | 1,22 | 1,83 | 2,44 | 3,05 | 3,66 | 4,27 | 4,88 | 5,49 | 6,10 |
| 7 | 0,61 | 1,22 | 1,83 | 2,45 | 3,06 | 3,67 | 4,28 | 4,89 | 5,50 | 6,12 |
| 8 | 0,61 | 1,23 | 1,84 | 2,45 | 3,06 | 3,68 | 4,29 | 4,90 | 5,52 | 6,13 |
| 9 | 0,61 | 1,23 | 1,84 | 2,46 | 3,07 | 3,69 | 4,30 | 4,91 | 5,53 | 6,14 |
| 38,0 | 0,62 | 1,23 | 1,85 | 2,46 | 3,08 | 3,69 | 4,31 | 4,93 | 5,54 | 6,16 |
| 1 | 0,62 | 1,23 | 1,85 | 2,47 | 3,09 | 3,70 | 4,32 | 4,94 | 5,55 | 6,17 |
| 2 | 0,62 | 1,24 | 1,86 | 2,47 | 3,09 | 3,71 | 4,33 | 4,95 | 5,57 | 6,18 |
| 3 | 0,62 | 1,24 | 1,86 | 2,48 | 3,10 | 3,72 | 4,34 | 4,96 | 5,58 | 6,20 |
| 4 | 0,62 | 1,24 | 1,86 | 2,48 | 3,11 | 3,73 | 4,35 | 4,97 | 5,59 | 6,21 |
| 5 | 0,62 | 1,25 | 1,87 | 2,49 | 3,11 | 3,74 | 4,36 | 4,98 | 5,60 | 6,23 |
| 6 | 0,62 | 1,25 | 1,87 | 2,50 | 3,12 | 3,74 | 4,37 | 4,99 | 5,61 | 6,24 |
| 7 | 0,63 | 1,25 | 1,88 | 2,50 | 3,13 | 3,75 | 4,38 | 5,00 | 5,63 | 6,25 |
| 8 | 0,63 | 1,25 | 1,88 | 2,51 | 3,13 | 3,76 | 4,39 | 5,01 | 5,64 | 6,27 |
| 9 | 0,63 | 1,26 | 1,88 | 2,51 | 3,14 | 3,77 | 4,40 | 5,02 | 5,65 | 6,28 |
| 39,0 | 0,63 | 1,26 | 1,89 | 2,52 | 3,15 | 3,78 | 4,41 | 5,03 | 5,66 | 6,29 |
| 1 | 0,63 | 1,26 | 1,89 | 2,52 | 3,15 | 3,78 | 4,41 | 5,05 | 5,68 | 6,31 |
| 2 | 0,63 | 1,26 | 1,90 | 2,53 | 3,16 | 3,79 | 4,42 | 5,06 | 5,69 | 6,32 |
| 3 | 0,63 | 1,27 | 1,90 | 2,53 | 3,17 | 3,80 | 4,43 | 5,07 | 5,70 | 6,33 |
| 4 | 0,63 | 1,27 | 1,90 | 2,54 | 3,17 | 3,81 | 4,44 | 5,08 | 5,71 | 6,35 |
| 5 | 0,64 | 1,27 | 1,91 | 2,54 | 3,18 | 3,82 | 4,45 | 5,09 | 5,72 | 6,36 |
| 6 | 0,64 | 1,27 | 1,91 | 2,55 | 3,19 | 3,82 | 4,46 | 5,10 | 5,74 | 6,37 |
| 7 | 0,64 | 1,28 | 1,92 | 2,56 | 3,19 | 3,83 | 4,47 | 5,11 | 5,75 | 6,39 |
| 8 | 0,64 | 1,28 | 1,92 | 2,56 | 3,20 | 3,84 | 4,48 | 5,12 | 5,76 | 6,40 |
| 9 | 0,64 | 1,28 | 1,92 | 2,57 | 3,21 | 3,85 | 4,49 | 5,13 | 5,77 | 6,41 |

| Nei-gungs-winkel Grad | Flache Länge ||||||||||
|---|---|---|---|---|---|---|---|---|---|---|
| | 1 m | 2 m | 3 m | 4 m | 5 m | 6 m | 7 m | 8 m | 9 m | 10 m |
| | Sohle in Metern ||||||||||
| 35,0 | 0,82 | 1,64 | 2,46 | 3,28 | 4,10 | 4,91 | 5,73 | 6,55 | 7,37 | 8,19 |
| 1 | 0,82 | 1,64 | 2,45 | 3,27 | 4,09 | 4,91 | 5,73 | 6,55 | 7,36 | 8,18 |
| 2 | 0,82 | 1,63 | 2,45 | 3,27 | 4,09 | 4,90 | 5,72 | 6,54 | 7,35 | 8,17 |
| 3 | 0,82 | 1,63 | 2,45 | 3,26 | 4,08 | 4,90 | 5,71 | 6,53 | 7,35 | 8,16 |
| 4 | 0,82 | 1,63 | 2,45 | 3,26 | 4,08 | 4,89 | 5,71 | 6,52 | 7,34 | 8,15 |
| 5 | 0,81 | 1,63 | 2,44 | 3,26 | 4,07 | 4,88 | 5,70 | 6,51 | 7,33 | 8,14 |
| 6 | 0,81 | 1,63 | 2,44 | 3,25 | 4,07 | 4,88 | 5,69 | 6,50 | 7,32 | 8,13 |
| 7 | 0,81 | 1,62 | 2,44 | 3,25 | 4,06 | 4,87 | 5,68 | 6,50 | 7,31 | 8,12 |
| 8 | 0,81 | 1,62 | 2,43 | 3,24 | 4,06 | 4,87 | 5,68 | 6,49 | 7,30 | 8,11 |
| 9 | 0,81 | 1,62 | 2,43 | 3,24 | 4,05 | 4,86 | 5,67 | 6,48 | 7,29 | 8,10 |
| 36,0 | 0,81 | 1,62 | 2,43 | 3,24 | 4,05 | 4,85 | 5,66 | 6,47 | 7,28 | 8,09 |
| 1 | 0,81 | 1,62 | 2,42 | 3,23 | 4,04 | 4,85 | 5,66 | 6,46 | 7,27 | 8,08 |
| 2 | 0,81 | 1,61 | 2,42 | 3,23 | 4,03 | 4,84 | 5,65 | 6,46 | 7,26 | 8,07 |
| 3 | 0,81 | 1,61 | 2,42 | 3,22 | 4,03 | 4,84 | 5,64 | 6,45 | 7,25 | 8,06 |
| 4 | 0,80 | 1,61 | 2,41 | 3,22 | 4,02 | 4,83 | 5,63 | 6,44 | 7,24 | 8,05 |
| 5 | 0,80 | 1,61 | 2,41 | 3,22 | 4,02 | 4,82 | 5,63 | 6,43 | 7,23 | 8,04 |
| 6 | 0,80 | 1,61 | 2,41 | 3,21 | 4,01 | 4,82 | 5,62 | 6,42 | 7,23 | 8,03 |
| 7 | 0,80 | 1,60 | 2,41 | 3,21 | 4,01 | 4,81 | 5,61 | 6,41 | 7,22 | 8,02 |
| 8 | 0,80 | 1,60 | 2,40 | 3,20 | 4,00 | 4,80 | 5,61 | 6,41 | 7,21 | 8,01 |
| 9 | 0,80 | 1,60 | 2,40 | 3,20 | 4,00 | 4,80 | 5,60 | 6,40 | 7,20 | 8,00 |
| 37,0 | 0,80 | 1,60 | 2,40 | 3,19 | 3,99 | 4,79 | 5,59 | 6,39 | 7,19 | 7,99 |
| 1 | 0,80 | 1,60 | 2,39 | 3,19 | 3,99 | 4,79 | 5,58 | 6,38 | 7,18 | 7,98 |
| 2 | 0,80 | 1,59 | 2,39 | 3,19 | 3,98 | 4,78 | 5,58 | 6,37 | 7,17 | 7,97 |
| 3 | 0,80 | 1,59 | 2,39 | 3,18 | 3,98 | 4,77 | 5,57 | 6,36 | 7,16 | 7,95 |
| 4 | 0,79 | 1,59 | 2,38 | 3,18 | 3,97 | 4,77 | 5,56 | 6,36 | 7,15 | 7,94 |
| 5 | 0,79 | 1,59 | 2,38 | 3,17 | 3,97 | 4,76 | 5,55 | 6,35 | 7,14 | 7,93 |
| 6 | 0,79 | 1,58 | 2,38 | 3,17 | 3,96 | 4,75 | 5,55 | 6,34 | 7,13 | 7,92 |
| 7 | 0,79 | 1,58 | 2,37 | 3,16 | 3,96 | 4,75 | 5,54 | 6,33 | 7,12 | 7,91 |
| 8 | 0,79 | 1,58 | 2,37 | 3,16 | 3,95 | 4,74 | 5,53 | 6,32 | 7,11 | 7,90 |
| 9 | 0,79 | 1,58 | 2,37 | 3,16 | 3,95 | 4,73 | 5,52 | 6,31 | 7,10 | 7,89 |
| 38,0 | 0,79 | 1,58 | 2,36 | 3,15 | 3,94 | 4,73 | 5,52 | 6,30 | 7,09 | 7,88 |
| 1 | 0,79 | 1,57 | 2,36 | 3,15 | 3,93 | 4,72 | 5,51 | 6,30 | 7,08 | 7,87 |
| 2 | 0,79 | 1,57 | 2,36 | 3,14 | 3,93 | 4,72 | 5,50 | 6,29 | 7,07 | 7,86 |
| 3 | 0,78 | 1,57 | 2,35 | 3,14 | 3,92 | 4,71 | 5,49 | 6,28 | 7,06 | 7,85 |
| 4 | 0,78 | 1,57 | 2,35 | 3,13 | 3,92 | 4,70 | 5,49 | 6,27 | 7,05 | 7,84 |
| 5 | 0,78 | 1,57 | 2,35 | 3,13 | 3,91 | 4,70 | 5,48 | 6,26 | 7,04 | 7,83 |
| 6 | 0,78 | 1,56 | 2,34 | 3,13 | 3,91 | 4,69 | 5,47 | 6,25 | 7,03 | 7,82 |
| 7 | 0,78 | 1,56 | 2,34 | 3,12 | 3,90 | 4,68 | 5,46 | 6,24 | 7,02 | 7,80 |
| 8 | 0,78 | 1,56 | 2,34 | 3,12 | 3,90 | 4,68 | 5,46 | 6,23 | 7,01 | 7,79 |
| 9 | 0,78 | 1,56 | 2,33 | 3,11 | 3,89 | 4,67 | 5,45 | 6,23 | 7,00 | 7,78 |
| 39,0 | 0,78 | 1,55 | 2,33 | 3,11 | 3,89 | 4,66 | 5,44 | 6,22 | 6,99 | 7,77 |
| 1 | 0,78 | 1,55 | 2,33 | 3,10 | 3,88 | 4,66 | 5,43 | 6,21 | 6,98 | 7,76 |
| 2 | 0,77 | 1,55 | 2,32 | 3,10 | 3,87 | 4,65 | 5,42 | 6,20 | 6,97 | 7,75 |
| 3 | 0,77 | 1,55 | 2,32 | 3,10 | 3,87 | 4,64 | 5,42 | 6,19 | 6,96 | 7,74 |
| 4 | 0,77 | 1,55 | 2,32 | 3,09 | 3,86 | 4,64 | 5,41 | 6,18 | 6,95 | 7,73 |
| 5 | 0,77 | 1,54 | 2,31 | 3,09 | 3,86 | 4,63 | 5,40 | 6,17 | 6,94 | 7,72 |
| 6 | 0,77 | 1,54 | 2,31 | 3,08 | 3,85 | 4,62 | 5,39 | 6,16 | 6,93 | 7,71 |
| 7 | 0,77 | 1,54 | 2,31 | 3,08 | 3,85 | 4,62 | 5,39 | 6,16 | 6,92 | 7,69 |
| 8 | 0,77 | 1,54 | 2,30 | 3,07 | 3,84 | 4,61 | 5,38 | 6,15 | 6,91 | 7,68 |
| 9 | 0,77 | 1,53 | 2,30 | 3,07 | 3,84 | 4,60 | 5,37 | 6,14 | 6,90 | 7,67 |

| Nei-gungs-winkel | Flache Länge | | | | | | | | | |
|---|---|---|---|---|---|---|---|---|---|---|
| | 1 m | 2 m | 3 m | 4 m | 5 m | 6 m | 7 m | 8 m | 9 m | 10 m |
| Grad | Seigerteufe in Metern | | | | | | | | | |
| 40,0 | 0,64 | 1,29 | 1,93 | 2,57 | 3,21 | 3,86 | 4,50 | 5,14 | 5,79 | 6,43 |
| 1 | 0,64 | 1,29 | 1,93 | 2,58 | 3,22 | 3,86 | 4,51 | 5,15 | 5,80 | 6,44 |
| 2 | 0,65 | 1,29 | 1,94 | 2,58 | 3,23 | 3,87 | 4,52 | 5,16 | 5,81 | 6,45 |
| 3 | 0,65 | 1,29 | 1,94 | 2,59 | 3,23 | 3,88 | 4,53 | 5,17 | 5,82 | 6,47 |
| 4 | 0,65 | 1,30 | 1,94 | 2,59 | 3,24 | 3,89 | 4,54 | 5,18 | 5,83 | 6,48 |
| 5 | 0,65 | 1,30 | 1,95 | 2,60 | 3,25 | 3,90 | 4,55 | 5,20 | 5,85 | 6,49 |
| 6 | 0,65 | 1,30 | 1,95 | 2,60 | 3,25 | 3,90 | 4,56 | 5,21 | 5,86 | 6,51 |
| 7 | 0,05 | 1,30 | 1,96 | 2,61 | 3,26 | 3,91 | 4,56 | 5,22 | 5,87 | 6,52 |
| 8 | 0,65 | 1,31 | 1,96 | 2,61 | 3,27 | 3,92 | 4,57 | 5,23 | 5,88 | 6,53 |
| 9 | 0,65 | 1,31 | 1,96 | 2,62 | 3,27 | 3,93 | 4,58 | 5,24 | 5,89 | 6,55 |
| 41,0 | 0,66 | 1,31 | 1,97 | 2,62 | 3,28 | 3,94 | 4,59 | 5,25 | 5,90 | 6,56 |
| 1 | 0,66 | 1,31 | 1,97 | 2,63 | 3,29 | 3,94 | 4,60 | 5,26 | 5,92 | 6,57 |
| 2 | 0,66 | 1,32 | 1,98 | 2,63 | 3,29 | 3,95 | 4,61 | 5,27 | 5,93 | 6,59 |
| 3 | 0,66 | 1,32 | 1,98 | 2,64 | 3,30 | 3,96 | 4,62 | 5,28 | 5,94 | 6,60 |
| 4 | 0,66 | 1,32 | 1,98 | 2,65 | 3,31 | 3,97 | 4,63 | 5,29 | 5,95 | 6,61 |
| 5 | 0,66 | 1,33 | 1,99 | 2,65 | 3,31 | 3,98 | 4,64 | 5,30 | 5,96 | 6,63 |
| 6 | 0,66 | 1,33 | 1,99 | 2,66 | 3,32 | 3,98 | 4,65 | 5,31 | 5,98 | 6,64 |
| 7 | 0,67 | 1,33 | 2,00 | 2,66 | 3,33 | 3,99 | 4,66 | 5,32 | 5,99 | 6,65 |
| 8 | 0,67 | 1,33 | 2,00 | 2,67 | 3,33 | 4,00 | 4,67 | 5,33 | 6,00 | 6,67 |
| 9 | 0,67 | 1,34 | 2,00 | 2,67 | 3,34 | 4,01 | 4,67 | 5,34 | 6,01 | 6,68 |
| 42,0 | 0,67 | 1,34 | 2,01 | 2,68 | 3,35 | 4,01 | 4,68 | 5,35 | 6,02 | 6,69 |
| 1 | 0,67 | 1,34 | 2,01 | 2,68 | 3,35 | 4,02 | 4,69 | 5,36 | 6,03 | 6,70 |
| 2 | 0,67 | 1,34 | 2,02 | 2,69 | 3,36 | 4,03 | 4,70 | 5,37 | 6,05 | 6,72 |
| 3 | 0,67 | 1,35 | 2,02 | 2,69 | 3,37 | 4,04 | 4,71 | 5,38 | 6,06 | 6,73 |
| 4 | 0,67 | 1,35 | 2,02 | 2,70 | 3,37 | 4,05 | 4,72 | 5,39 | 6,07 | 6,74 |
| 5 | 0,68 | 1,35 | 2,03 | 2,70 | 3,38 | 4,05 | 4,73 | 5,40 | 6,08 | 6,76 |
| 6 | 0,68 | 1,35 | 2,03 | 2,71 | 3,38 | 4,06 | 4,74 | 5,42 | 6,09 | 6,77 |
| 7 | 0,68 | 1,36 | 2,03 | 2,71 | 3,39 | 4,07 | 4,75 | 5,43 | 6,10 | 6,78 |
| 8 | 0,68 | 1,36 | 2,04 | 2,72 | 3,40 | 4,08 | 4,76 | 5,44 | 6,11 | 6,79 |
| 9 | 0,68 | 1,36 | 2,04 | 2,72 | 3,40 | 4,08 | 4,77 | 5,45 | 6,13 | 6,81 |
| 43,0 | 0,68 | 1,36 | 2,05 | 2,73 | 3,41 | 4,09 | 4,77 | 5,46 | 6,14 | 6,82 |
| 1 | 0,68 | 1,37 | 2,05 | 2,73 | 3,42 | 4,10 | 4,78 | 5,47 | 6,15 | 6,83 |
| 2 | 0,68 | 1,37 | 2,05 | 2,74 | 3,42 | 4,11 | 4,79 | 5,48 | 6,16 | 6,85 |
| 3 | 0,69 | 1,37 | 2,06 | 2,74 | 3,43 | 4,11 | 4,80 | 5,49 | 6,17 | 6,86 |
| 4 | 0,69 | 1,37 | 2,06 | 2,75 | 3,44 | 4,12 | 4,81 | 5,50 | 6,18 | 6,87 |
| 5 | 0,69 | 1,38 | 2,07 | 2,75 | 3,44 | 4,13 | 4,82 | 5,51 | 6,20 | 6,88 |
| 6 | 0,69 | 1,38 | 2,07 | 2,76 | 3,45 | 4,14 | 4,83 | 5,52 | 6,21 | 6,90 |
| 7 | 0,69 | 1,38 | 2,07 | 2,76 | 3,45 | 4,15 | 4,84 | 5,53 | 6,22 | 6,91 |
| 8 | 0,69 | 1,38 | 2,08 | 2,77 | 3,46 | 4,15 | 4,85 | 5,54 | 6,23 | 6,92 |
| 9 | 0,69 | 1,39 | 2,08 | 2,77 | 3,47 | 4,16 | 4,85 | 5,55 | 6,24 | 6,93 |
| 44,0 | 0,69 | 1,39 | 2,08 | 2,78 | 3,47 | 4,17 | 4,86 | 5,56 | 6,25 | 6,95 |
| 1 | 0,70 | 1,39 | 2,09 | 2,78 | 3,48 | 4,18 | 4,87 | 5,57 | 6,26 | 6,96 |
| 2 | 0,70 | 1,39 | 2,09 | 2,79 | 3,49 | 4,18 | 4,88 | 5,58 | 6,27 | 6,97 |
| 3 | 0,70 | 1,40 | 2,10 | 2,79 | 3,49 | 4,19 | 4,89 | 5,59 | 6,29 | 6,98 |
| 4 | 0,70 | 1,40 | 2,10 | 2,80 | 3,50 | 4,20 | 4,90 | 5,60 | 6,30 | 7,00 |
| 5 | 0,70 | 1,40 | 2,10 | 2,80 | 3,50 | 4,21 | 4,91 | 5,61 | 6,31 | 7,01 |
| 6 | 0,70 | 1,40 | 2,11 | 2,81 | 3,51 | 4,21 | 4,92 | 5,62 | 6,32 | 7,02 |
| 7 | 0,70 | 1,41 | 2,11 | 2,81 | 3,52 | 4,22 | 4,92 | 5,63 | 6,33 | 7,03 |
| 8 | 0,70 | 1,41 | 2,11 | 2,82 | 3,52 | 4,23 | 4,93 | 5,64 | 6,34 | 7,05 |
| 9 | 0,71 | 1,41 | 2,12 | 2,82 | 3,53 | 4,24 | 4,94 | 5,65 | 6,35 | 7,06 |

| Neigungswinkel | Flache Länge | | | | | | | | | |
|---|---|---|---|---|---|---|---|---|---|---|
| | 1 m | 2 m | 3 m | 4 m | 5 m | 6 m | 7 m | 8 m | 9 m | 10 m |
| Grad | Sohle in Metern | | | | | | | | | |
| **40**,0 | 0,77 | 1,53 | 2,30 | 3,06 | 3,83 | 4,60 | 5,36 | 6,13 | 6,89 | 7,66 |
| 1 | 0,76 | 1,53 | 2,29 | 3,06 | 3,82 | 4,59 | 5,35 | 6,12 | 6,88 | 7,65 |
| 2 | 0,76 | 1,53 | 2,29 | 3,06 | 3,82 | 4,58 | 5,35 | 6,11 | 6,87 | 7,64 |
| 3 | 0,76 | 1,53 | 2,29 | 3,05 | 3,81 | 4,58 | 5,34 | 6,10 | 6,86 | 7,63 |
| 4 | 0,76 | 1,52 | 2,28 | 3,05 | 3,81 | 4,57 | 5,33 | 6,09 | 6,85 | 7,62 |
| 5 | 0,76 | 1,52 | 2,28 | 3,04 | 3,80 | 4,56 | 5,32 | 6,08 | 6,84 | 7,60 |
| 6 | 0,76 | 1,52 | 2,28 | 3,04 | 3,80 | 4,56 | 5,31 | 6,07 | 6,83 | 7,59 |
| 7 | 0,76 | 1,52 | 2,27 | 3,03 | 3,79 | 4,55 | 5,31 | 6,07 | 6,82 | 7,58 |
| 8 | 0,76 | 1,51 | 2,27 | 3,03 | 3,78 | 4,54 | 5,30 | 6,06 | 6,81 | 7,57 |
| 9 | 0,76 | 1,51 | 2,27 | 3,02 | 3,78 | 4,54 | 5,29 | 6,05 | 6,80 | 7,56 |
| **41**,0 | 0,75 | 1,51 | 2,26 | 3,02 | 3,77 | 4,53 | 5,28 | 6,04 | 6,79 | 7,55 |
| 1 | 0,75 | 1,51 | 2,26 | 3,01 | 3,77 | 4,52 | 5,27 | 6,03 | 6,78 | 7,54 |
| 2 | 0,75 | 1,50 | 2,26 | 3,01 | 3,76 | 4,51 | 5,27 | 6,02 | 6,77 | 7,52 |
| 3 | 0,75 | 1,50 | 2,25 | 3,01 | 3,76 | 4,51 | 5,26 | 6,01 | 6,76 | 7,51 |
| 4 | 0,75 | 1,50 | 2,25 | 3,00 | 3,75 | 4,50 | 5,25 | 6,00 | 6,75 | 7,50 |
| 5 | 0,75 | 1,50 | 2,25 | 3,00 | 3,74 | 4,49 | 5,24 | 5,99 | 6,74 | 7,49 |
| 6 | 0,75 | 1,50 | 2,24 | 2,99 | 3,74 | 4,49 | 5,23 | 5,98 | 6,73 | 7,48 |
| 7 | 0,75 | 1,49 | 2,24 | 2,99 | 3,73 | 4,48 | 5,23 | 5,97 | 6,72 | 7,47 |
| 8 | 0,75 | 1,49 | 2,24 | 2,98 | 3,73 | 4,47 | 5,22 | 5,96 | 6,71 | 7,45 |
| 9 | 0,74 | 1,49 | 2,23 | 2,98 | 3,72 | 4,47 | 5,21 | 5,95 | 6,70 | 7,44 |
| **42**,0 | 0,74 | 1,49 | 2,23 | 2,97 | 3,72 | 4,46 | 5,20 | 5,95 | 6,69 | 7,43 |
| 1 | 0,74 | 1,48 | 2,23 | 2,97 | 3,71 | 4,45 | 5,19 | 5,94 | 6,68 | 7,42 |
| 2 | 0,74 | 1,48 | 2,22 | 2,96 | 3,70 | 4,44 | 5,19 | 5,93 | 6,67 | 7,41 |
| 3 | 0,74 | 1,48 | 2,22 | 2,96 | 3,70 | 4,44 | 5,18 | 5,92 | 6,66 | 7,40 |
| 4 | 0,74 | 1,48 | 2,22 | 2,95 | 3,69 | 4,43 | 5,17 | 5,91 | 6,65 | 7,38 |
| 5 | 0,74 | 1,47 | 2,21 | 2,95 | 3,69 | 4,42 | 5,16 | 5,90 | 6,64 | 7,37 |
| 6 | 0,74 | 1,47 | 2,21 | 2,94 | 3,68 | 4,42 | 5,15 | 5,89 | 6,62 | 7,36 |
| 7 | 0,73 | 1,47 | 2,20 | 2,94 | 3,67 | 4,41 | 5,14 | 5,88 | 6,61 | 7,35 |
| 8 | 0,73 | 1,47 | 2,20 | 2,93 | 3,67 | 4,40 | 5,14 | 5,87 | 6,60 | 7,34 |
| 9 | 0,73 | 1,47 | 2,20 | 2,93 | 3,66 | 4,40 | 5,13 | 5,86 | 6,59 | 7,33 |
| **43**,0 | 0,73 | 1,46 | 2,19 | 2,93 | 3,66 | 4,39 | 5,12 | 5,85 | 6,58 | 7,31 |
| 1 | 0,73 | 1,46 | 2,19 | 2,92 | 3,65 | 4,38 | 5,11 | 5,84 | 6,57 | 7,30 |
| 2 | 0,73 | 1,46 | 2,19 | 2,92 | 3,64 | 4,37 | 5,10 | 5,83 | 6,56 | 7,29 |
| 3 | 0,73 | 1,46 | 2,18 | 2,91 | 3,64 | 4,37 | 5,09 | 5,82 | 6,55 | 7,28 |
| 4 | 0,73 | 1,45 | 2,18 | 2,91 | 3,63 | 4,36 | 5,09 | 5,81 | 6,54 | 7,27 |
| 5 | 0,73 | 1,45 | 2,18 | 2,90 | 3,63 | 4,35 | 5,08 | 5,80 | 6,53 | 7,25 |
| 6 | 0,72 | 1,45 | 2,17 | 2,90 | 3,62 | 4,35 | 5,07 | 5,79 | 6,52 | 7,24 |
| 7 | 0,72 | 1,45 | 2,17 | 2,89 | 3,61 | 4,34 | 5,06 | 5,78 | 6,51 | 7,23 |
| 8 | 0,72 | 1,44 | 2,17 | 2,89 | 3,61 | 4,33 | 5,05 | 5,77 | 6,50 | 7,22 |
| 9 | 0,72 | 1,44 | 2,16 | 2,88 | 3,60 | 4,32 | 5,04 | 5,76 | 6,48 | 7,21 |
| **44**,0 | 0,72 | 1,44 | 2,16 | 2,88 | 3,60 | 4,32 | 5,04 | 5,75 | 6,47 | 7,19 |
| 1 | 0,72 | 1,44 | 2,15 | 2,87 | 3,59 | 4,31 | 5,03 | 5,75 | 6,46 | 7,18 |
| 2 | 0,72 | 1,43 | 2,15 | 2,87 | 3,58 | 4,30 | 5,02 | 5,74 | 6,45 | 7,17 |
| 3 | 0,72 | 1,43 | 2,15 | 2,86 | 3,58 | 4,29 | 5,01 | 5,73 | 6,44 | 7,16 |
| 4 | 0,71 | 1,43 | 2,14 | 2,86 | 3,57 | 4,29 | 5,00 | 5,72 | 6,43 | 7,14 |
| 5 | 0,71 | 1,43 | 2,14 | 2,85 | 3,57 | 4,28 | 4,99 | 5,71 | 6,42 | 7,13 |
| 6 | 0,71 | 1,42 | 2,14 | 2,85 | 3,56 | 4,27 | 4,98 | 5,70 | 6,41 | 7,12 |
| 7 | 0,71 | 1,42 | 2,13 | 2,84 | 3,55 | 4,26 | 4,98 | 5,69 | 6,40 | 7,11 |
| 8 | 0,71 | 1,42 | 2,13 | 2,84 | 3,55 | 4,26 | 4,97 | 5,68 | 6,39 | 7,10 |
| 9 | 0,71 | 1,42 | 2,13 | 2,83 | 3,54 | 4,25 | 4,96 | 5,67 | 6,38 | 7,08 |

| Neigungswinkel Grad | Flache Länge | | | | | | | | | |
|---|---|---|---|---|---|---|---|---|---|---|
| | 1 m | 2 m | 3 m | 4 m | 5 m | 6 m | 7 m | 8 m | 9 m | 10 m |
| | Seigerteufe in Metern | | | | | | | | | |
| 45,0 | 0,71 | 1,41 | 2,12 | 2,83 | 3,54 | 4,24 | 4,95 | 5,66 | 6,36 | 7,07 |
| 1 | 0,71 | 1,42 | 2,13 | 2,83 | 3,54 | 4,25 | 4,96 | 5,67 | 6,38 | 7,08 |
| 2 | 0,71 | 1,42 | 2,13 | 2,84 | 3,55 | 4,26 | 4,97 | 5,68 | 6,39 | 7,10 |
| 3 | 0,71 | 1,42 | 2,13 | 2,84 | 3,55 | 4,26 | 4,98 | 5,69 | 6,40 | 7,11 |
| 4 | 0,71 | 1,42 | 2,14 | 2,85 | 3,56 | 4,27 | 4,98 | 5,70 | 6,41 | 7,12 |
| 5 | 0,71 | 1,43 | 2,14 | 2,85 | 3,57 | 4,28 | 4,99 | 5,71 | 6,42 | 7,13 |
| 6 | 0,71 | 1,43 | 2,14 | 2,86 | 3,57 | 4,29 | 5,00 | 5,72 | 6,43 | 7,14 |
| 7 | 0,72 | 1,43 | 2,15 | 2,86 | 3,58 | 4,29 | 5,01 | 5,73 | 6,44 | 7,16 |
| 8 | 0,72 | 1,43 | 2,15 | 2,87 | 3,58 | 4,30 | 5,02 | 5,74 | 6,45 | 7,17 |
| 9 | 0,72 | 1,44 | 2,15 | 2,87 | 3,59 | 4,31 | 5,03 | 5,75 | 6,46 | 7,18 |
| 46,0 | 0,72 | 1,44 | 2,16 | 2,88 | 3,60 | 4,32 | 5,04 | 5,75 | 6,47 | 7,19 |
| 1 | 0,72 | 1,44 | 2,16 | 2,88 | 3,60 | 4,32 | 5,04 | 5,76 | 6,48 | 7,21 |
| 2 | 0,72 | 1,44 | 2,17 | 2,89 | 3,61 | 4,33 | 5,05 | 5,77 | 6,50 | 7,22 |
| 3 | 0,72 | 1,45 | 2,17 | 2,89 | 3,61 | 4,34 | 5,06 | 5,78 | 6,51 | 7,23 |
| 4 | 0,72 | 1,45 | 2,17 | 2,90 | 3,62 | 4,35 | 5,07 | 5,79 | 6,52 | 7,24 |
| 5 | 0,73 | 1,45 | 2,18 | 2,90 | 3,63 | 4,35 | 5,08 | 5,80 | 6,53 | 7,25 |
| 6 | 0,73 | 1,45 | 2,18 | 2,91 | 3,63 | 4,36 | 5,09 | 5,81 | 6,54 | 7,27 |
| 7 | 0,73 | 1,46 | 2,18 | 2,91 | 3,64 | 4,37 | 5,09 | 5,82 | 6,55 | 7,28 |
| 8 | 0,73 | 1,46 | 2,19 | 2,92 | 3,64 | 4,37 | 5,10 | 5,83 | 6,56 | 7,29 |
| 9 | 0,73 | 1,46 | 2,19 | 2,92 | 3,65 | 4,38 | 5,11 | 5,84 | 6,57 | 7,30 |
| 47,0 | 0,73 | 1,46 | 2,19 | 2,93 | 3,66 | 4,39 | 5,12 | 5,85 | 6,58 | 7,31 |
| 1 | 0,73 | 1,47 | 2,20 | 2,93 | 3,66 | 4,40 | 5,13 | 5,86 | 6,59 | 7,33 |
| 2 | 0,73 | 1,47 | 2,20 | 2,93 | 3,67 | 4,40 | 5,14 | 5,87 | 6,60 | 7,34 |
| 3 | 0,73 | 1,47 | 2,20 | 2,94 | 3,67 | 4,41 | 5,14 | 5,88 | 6,61 | 7,35 |
| 4 | 0,74 | 1,47 | 2,21 | 2,94 | 3,68 | 4,42 | 5,15 | 5,89 | 6,62 | 7,36 |
| 5 | 0,74 | 1,47 | 2,21 | 2,95 | 3,69 | 4,42 | 5,16 | 5,90 | 6,64 | 7,37 |
| 6 | 0,74 | 1,48 | 2,22 | 2,95 | 3,69 | 4,43 | 5,17 | 5,91 | 6,65 | 7,38 |
| 7 | 0,74 | 1,48 | 2,22 | 2,96 | 3,70 | 4,44 | 5,18 | 5,92 | 6,66 | 7,40 |
| 8 | 0,74 | 1,48 | 2,22 | 2,96 | 3,70 | 4,44 | 5,19 | 5,93 | 6,67 | 7,41 |
| 9 | 0,74 | 1,48 | 2,23 | 2,97 | 3,71 | 4,45 | 5,19 | 5,94 | 6,68 | 7,42 |
| 48,0 | 0,74 | 1,49 | 2,23 | 2,97 | 3,72 | 4,46 | 5,20 | 5,95 | 6,69 | 7,43 |
| 1 | 0,74 | 1,49 | 2,23 | 2,98 | 3,72 | 4,47 | 5,21 | 5,95 | 6,70 | 7,44 |
| 2 | 0,75 | 1,49 | 2,24 | 2,98 | 3,73 | 4,47 | 5,22 | 5,96 | 6,71 | 7,45 |
| 3 | 0,75 | 1,49 | 2,24 | 2,99 | 3,73 | 4,48 | 5,23 | 5,97 | 6,72 | 7,47 |
| 4 | 0,75 | 1,50 | 2,24 | 2,99 | 3,74 | 4,49 | 5,23 | 5,98 | 6,73 | 7,48 |
| 5 | 0,75 | 1,50 | 2,25 | 3,00 | 3,74 | 4,49 | 5,24 | 5,99 | 6,74 | 7,49 |
| 6 | 0,75 | 1,50 | 2,25 | 3,00 | 3,75 | 4,50 | 5,25 | 6,00 | 6,75 | 7,50 |
| 7 | 0,75 | 1,50 | 2,25 | 3,01 | 3,76 | 4,51 | 5,26 | 6,01 | 6,76 | 7,51 |
| 8 | 0,75 | 1,50 | 2,26 | 3,01 | 3,76 | 4,51 | 5,27 | 6,02 | 6,77 | 7,52 |
| 9 | 0,75 | 1,51 | 2,26 | 3,01 | 3,77 | 4,52 | 5,27 | 6,03 | 6,78 | 7,54 |
| 49,0 | 0,75 | 1,51 | 2,26 | 3,02 | 3,77 | 4,53 | 5,28 | 6,04 | 6,79 | 7,55 |
| 1 | 0,76 | 1,51 | 2,27 | 3,02 | 3,78 | 4,54 | 5,29 | 6,05 | 6,80 | 7,56 |
| 2 | 0,76 | 1,51 | 2,27 | 3,03 | 3,78 | 4,54 | 5,30 | 6,06 | 6,81 | 7,57 |
| 3 | 0,76 | 1,52 | 2,27 | 3,03 | 3,79 | 4,55 | 5,31 | 6,07 | 6,82 | 7,58 |
| 4 | 0,76 | 1,52 | 2,28 | 3,04 | 3,80 | 4,56 | 5,31 | 6,07 | 6,83 | 7,59 |
| 5 | 0,76 | 1,52 | 2,28 | 3,04 | 3,80 | 4,56 | 5,32 | 6,08 | 6,84 | 7,60 |
| 6 | 0,76 | 1,52 | 2,28 | 3,05 | 3,81 | 4,57 | 5,33 | 6,09 | 6,85 | 7,62 |
| 7 | 0,76 | 1,53 | 2,29 | 3,05 | 3,81 | 4,58 | 5,34 | 6,10 | 6,86 | 7,63 |
| 8 | 0,76 | 1,53 | 2,29 | 3,06 | 3,82 | 4,58 | 5,35 | 6,11 | 6,87 | 7,64 |
| 9 | 0,76 | 1,53 | 2,29 | 3,06 | 3,82 | 4,59 | 5,35 | 6,12 | 6,88 | 7,65 |

| Nei-gungs-winkel Grad | Flache Länge ||||||||| |
|---|---|---|---|---|---|---|---|---|---|
| | 1 m | 2 m | 3 m | 4 m | 5 m | 6 m | 7 m | 8 m | 9 m | 10 m |
| | Sohle in Metern |||||||||| |
| 45,0 | 0,71 | 1,41 | 2,12 | 2,83 | 3,54 | 4,24 | 4,95 | 5,66 | 6,36 | 7,07 |
| 1 | 0,71 | 1,41 | 2,12 | 2,82 | 3,53 | 4,24 | 4,94 | 5,65 | 6,35 | 7,06 |
| 2 | 0,70 | 1,41 | 2,11 | 2,82 | 3,52 | 4,23 | 4,93 | 5,64 | 6,34 | 7,05 |
| 3 | 0,70 | 1,41 | 2,11 | 2,81 | 3,52 | 4,22 | 4,92 | 5,63 | 6,33 | 7,03 |
| 4 | 0,70 | 1,40 | 2,11 | 2,81 | 3,51 | 4,21 | 4,92 | 5,62 | 6,32 | 7,02 |
| 5 | 0,70 | 1,40 | 2,10 | 2,80 | 3,50 | 4,21 | 4,91 | 5,61 | 6,31 | 7,01 |
| 6 | 0,70 | 1,40 | 2,10 | 2,80 | 3,50 | 4,20 | 4,90 | 5,60 | 6,30 | 7,00 |
| 7 | 0,70 | 1,40 | 2,10 | 2,79 | 3,49 | 4,19 | 4,89 | 5,59 | 6,29 | 6,98 |
| 8 | 0,70 | 1,39 | 2,09 | 2,79 | 3,49 | 4,18 | 4,88 | 5,58 | 6,27 | 6,97 |
| 9 | 0,70 | 1,39 | 2,09 | 2,78 | 3,48 | 4,18 | 4,87 | 5,57 | 6,26 | 6,96 |
| 46,0 | 0,69 | 1,39 | 2,08 | 2,78 | 3,47 | 4,17 | 4,86 | 5,56 | 6,25 | 6,95 |
| 1 | 0,69 | 1,39 | 2,08 | 2,77 | 3,47 | 4,16 | 4,85 | 5,55 | 6,24 | 6,93 |
| 2 | 0,69 | 1,38 | 2,08 | 2,77 | 3,46 | 4,15 | 4,85 | 5,54 | 6,23 | 6,92 |
| 3 | 0,69 | 1,38 | 2,07 | 2,76 | 3,45 | 4,15 | 4,84 | 5,53 | 6,22 | 6,91 |
| 4 | 0,69 | 1,38 | 2,07 | 2,76 | 3,45 | 4,14 | 4,83 | 5,52 | 6,21 | 6,90 |
| 5 | 0,69 | 1,38 | 2,07 | 2,75 | 3,44 | 4,13 | 4,82 | 5,51 | 6,20 | 6,88 |
| 6 | 0,69 | 1,37 | 2,06 | 2,75 | 3,44 | 4,12 | 4,81 | 5,50 | 6,18 | 6,87 |
| 7 | 0,69 | 1,37 | 2,06 | 2,74 | 3,43 | 4,11 | 4,80 | 5,49 | 6,17 | 6,86 |
| 8 | 0,68 | 1,37 | 2,05 | 2,74 | 3,42 | 4,11 | 4,79 | 5,48 | 6,16 | 6,85 |
| 9 | 0,68 | 1,37 | 2,05 | 2,73 | 3,42 | 4,10 | 4,78 | 5,47 | 6,15 | 6,83 |
| 47,0 | 0,68 | 1,36 | 2,05 | 2,73 | 3,41 | 4,09 | 4,77 | 5,46 | 6,14 | 6,82 |
| 1 | 0,68 | 1,36 | 2,04 | 2,72 | 3,40 | 4,08 | 4,77 | 5,45 | 6,13 | 6,81 |
| 2 | 0,68 | 1,36 | 2,04 | 2,72 | 3,40 | 4,08 | 4,76 | 5,44 | 6,11 | 6,79 |
| 3 | 0,68 | 1,36 | 2,03 | 2,71 | 3,39 | 4,07 | 4,75 | 5,43 | 6,10 | 6,78 |
| 4 | 0,68 | 1,35 | 2,03 | 2,71 | 3,38 | 4,06 | 4,74 | 5,42 | 6,09 | 6,77 |
| 5 | 0,68 | 1,35 | 2,03 | 2,70 | 3,38 | 4,05 | 4,73 | 5,40 | 6,08 | 6,76 |
| 6 | 0,68 | 1,35 | 2,02 | 2,70 | 3,37 | 4,05 | 4,72 | 5,39 | 6,07 | 6,74 |
| 7 | 0,67 | 1,35 | 2,02 | 2,69 | 3,37 | 4,04 | 4,71 | 5,38 | 6,06 | 6,73 |
| 8 | 0,67 | 1,34 | 2,02 | 2,69 | 3,36 | 4,03 | 4,70 | 5,37 | 6,05 | 6,72 |
| 9 | 0,67 | 1,34 | 2,01 | 2,68 | 3,35 | 4,02 | 4,69 | 5,36 | 6,03 | 6,70 |
| 48,0 | 0,67 | 1,34 | 2,01 | 2,68 | 3,35 | 4,01 | 4,68 | 5,35 | 6,02 | 6,69 |
| 1 | 0,67 | 1,34 | 2,00 | 2,67 | 3,34 | 4,01 | 4,67 | 5,34 | 6,01 | 6,68 |
| 2 | 0,67 | 1,33 | 2,00 | 2,67 | 3,33 | 4,00 | 4,67 | 5,33 | 6,00 | 6,67 |
| 3 | 0,67 | 1,33 | 2,00 | 2,66 | 3,33 | 3,99 | 4,66 | 5,32 | 5,99 | 6,65 |
| 4 | 0,66 | 1,33 | 1,99 | 2,66 | 3,32 | 3,98 | 4,65 | 5,31 | 5,98 | 6,64 |
| 5 | 0,66 | 1,33 | 1,99 | 2,65 | 3,31 | 3,98 | 4,64 | 5,30 | 5,96 | 6,63 |
| 6 | 0,66 | 1,32 | 1,98 | 2,65 | 3,31 | 3,97 | 4,63 | 5,29 | 5,95 | 6,61 |
| 7 | 0,66 | 1,32 | 1,98 | 2,64 | 3,30 | 3,96 | 4,62 | 5,28 | 5,94 | 6,60 |
| 8 | 0,66 | 1,32 | 1,98 | 2,63 | 3,29 | 3,95 | 4,61 | 5,27 | 5,93 | 6,59 |
| 9 | 0,66 | 1,31 | 1,97 | 2,63 | 3,29 | 3,94 | 4,60 | 5,26 | 5,92 | 6,57 |
| 49,0 | 0,66 | 1,31 | 1,97 | 2,62 | 3,28 | 3,94 | 4,59 | 5,25 | 5,90 | 6,56 |
| 1 | 0,65 | 1,31 | 1,96 | 2,62 | 3,27 | 3,93 | 4,58 | 5,24 | 5,89 | 6,55 |
| 2 | 0,65 | 1,31 | 1,96 | 2,61 | 3,27 | 3,92 | 4,57 | 5,23 | 5,88 | 6,53 |
| 3 | 0,65 | 1,30 | 1,96 | 2,61 | 3,26 | 3,91 | 4,56 | 5,22 | 5,87 | 6,52 |
| 4 | 0,65 | 1,30 | 1,95 | 2,60 | 3,25 | 3,90 | 4,56 | 5,21 | 5,86 | 6,51 |
| 5 | 0,65 | 1,30 | 1,95 | 2,60 | 3,25 | 3,90 | 4,55 | 5,20 | 5,85 | 6,49 |
| 6 | 0,65 | 1,30 | 1,94 | 2,59 | 3,24 | 3,89 | 4,54 | 5,18 | 5,83 | 6,48 |
| 7 | 0,65 | 1,29 | 1,94 | 2,59 | 3,23 | 3,88 | 4,53 | 5,17 | 5,82 | 6,47 |
| 8 | 0,65 | 1,29 | 1,94 | 2,58 | 3,23 | 3,87 | 4,52 | 5,16 | 5,81 | 6,45 |
| 9 | 0,64 | 1,29 | 1,93 | 2,58 | 3,22 | 3,86 | 4,51 | 5,15 | 5,80 | 6,44 |

| Neigungs-winkel Grad | Flache Länge ||||||||||
|---|---|---|---|---|---|---|---|---|---|---|
| | 1 m | 2 m | 3 m | 4 m | 5 m | 6 m | 7 m | 8 m | 9 m | 10 m |
| | Seigerteufe in Metern ||||||||||
| **50,0** | 0,77 | 1,53 | 2,30 | 3,06 | 3,83 | 4,60 | 5,36 | 6,13 | 6,89 | 7,66 |
| 1 | 0,77 | 1,53 | 2,30 | 3,07 | 3,84 | 4,60 | 5,37 | 6,14 | 6,90 | 7,67 |
| 2 | 0,77 | 1,54 | 2,30 | 3,07 | 3,84 | 4,61 | 5,38 | 6,15 | 6,91 | 7,68 |
| 3 | 0,77 | 1,54 | 2,31 | 3,08 | 3,85 | 4,62 | 5,39 | 6,16 | 6,92 | 7,69 |
| 4 | 0,77 | 1,54 | 2,31 | 3,08 | 3,85 | 4,62 | 5,39 | 6,16 | 6,93 | 7,71 |
| 5 | 0,77 | 1,54 | 2,31 | 3,09 | 3,86 | 4,63 | 5,40 | 6,17 | 6,94 | 7,72 |
| 6 | 0,77 | 1,55 | 2,32 | 3,09 | 3,86 | 4,64 | 5,41 | 6,18 | 6,95 | 7,73 |
| 7 | 0,77 | 1,55 | 2,32 | 3,10 | 3,87 | 4,64 | 5,42 | 6,19 | 6,96 | 7,74 |
| 8 | 0,77 | 1,55 | 2,32 | 3,10 | 3,87 | 4,65 | 5,42 | 6,20 | 6,97 | 7,75 |
| 9 | 0,78 | 1,55 | 2,33 | 3,10 | 3,88 | 4,66 | 5,43 | 6,21 | 6,98 | 7,76 |
| **51,0** | 0,78 | 1,55 | 2,33 | 3,11 | 3,89 | 4,66 | 5,44 | 6,22 | 6,99 | 7,77 |
| 1 | 0,78 | 1,56 | 2,33 | 3,11 | 3,89 | 4,67 | 5,45 | 6,23 | 7,00 | 7,78 |
| 2 | 0,78 | 1,56 | 2,34 | 3,12 | 3,90 | 4,68 | 5,46 | 6,23 | 7,01 | 7,79 |
| 3 | 0,78 | 1,56 | 2,34 | 3,12 | 3,90 | 4,68 | 5,46 | 6,24 | 7,02 | 7,80 |
| 4 | 0,78 | 1,56 | 2,34 | 3,13 | 3,91 | 4,69 | 5,47 | 6,25 | 7,03 | 7,82 |
| 5 | 0,78 | 1,57 | 2,35 | 3,13 | 3,91 | 4,70 | 5,48 | 6,26 | 7,04 | 7,83 |
| 6 | 0,78 | 1,57 | 2,35 | 3,13 | 3,92 | 4,70 | 5,49 | 6,27 | 7,05 | 7,84 |
| 7 | 0,78 | 1,57 | 2,35 | 3,14 | 3,92 | 4,71 | 5,49 | 6,28 | 7,06 | 7,85 |
| 8 | 0,79 | 1,57 | 2,36 | 3,14 | 3,93 | 4,72 | 5,50 | 6,29 | 7,07 | 7,86 |
| 9 | 0,79 | 1,57 | 2,36 | 3,15 | 3,93 | 4,72 | 5,51 | 6,30 | 7,08 | 7,87 |
| **52,0** | 0,79 | 1,58 | 2,36 | 3,15 | 3,94 | 4,73 | 5,52 | 6,30 | 7,09 | 7,88 |
| 1 | 0,79 | 1,58 | 2,37 | 3,16 | 3,95 | 4,73 | 5,52 | 6,31 | 7,10 | 7,89 |
| 2 | 0,79 | 1,58 | 2,37 | 3,16 | 3,95 | 4,74 | 5,53 | 6,32 | 7,11 | 7,90 |
| 3 | 0,79 | 1,58 | 2,37 | 3,16 | 3,96 | 4,75 | 5,54 | 6,33 | 7,12 | 7,91 |
| 4 | 0,79 | 1,58 | 2,38 | 3,17 | 3,96 | 4,75 | 5,55 | 6,34 | 7,13 | 7,92 |
| 5 | 0,79 | 1,59 | 2,38 | 3,17 | 3,97 | 4,76 | 5,55 | 6,35 | 7,14 | 7,93 |
| 6 | 0,79 | 1,59 | 2,38 | 3,18 | 3,97 | 4,77 | 5,56 | 6,36 | 7,15 | 7,94 |
| 7 | 0,80 | 1,59 | 2,39 | 3,18 | 3,98 | 4,77 | 5,57 | 6,36 | 7,16 | 7,95 |
| 8 | 0,80 | 1,59 | 2,39 | 3,19 | 3,98 | 4,78 | 5,58 | 6,37 | 7,17 | 7,97 |
| 9 | 0,80 | 1,60 | 2,39 | 3,19 | 3,99 | 4,79 | 5,58 | 6,38 | 7,18 | 7,98 |
| **53,0** | 0,80 | 1,60 | 2,40 | 3,19 | 3,99 | 4,79 | 5,59 | 6,39 | 7,19 | 7,99 |
| 1 | 0,80 | 1,60 | 2,40 | 3,20 | 4,00 | 4,80 | 5,60 | 6,40 | 7,20 | 8,00 |
| 2 | 0,80 | 1,60 | 2,40 | 3,20 | 4,00 | 4,80 | 5,61 | 6,41 | 7,21 | 8,01 |
| 3 | 0,80 | 1,60 | 2,41 | 3,21 | 4,01 | 4,81 | 5,61 | 6,41 | 7,22 | 8,02 |
| 4 | 0,80 | 1,61 | 2,41 | 3,21 | 4,01 | 4,82 | 5,62 | 6,42 | 7,23 | 8,03 |
| 5 | 0,80 | 1,61 | 2,41 | 3,22 | 4,02 | 4,82 | 5,63 | 6,43 | 7,23 | 8,04 |
| 6 | 0,80 | 1,61 | 2,41 | 3,22 | 4,02 | 4,83 | 5,63 | 6,44 | 7,24 | 8,05 |
| 7 | 0,81 | 1,61 | 2,42 | 3,22 | 4,03 | 4,84 | 5,64 | 6,45 | 7,25 | 8,06 |
| 8 | 0,81 | 1,61 | 2,42 | 3,23 | 4,03 | 4,84 | 5,65 | 6,46 | 7,26 | 8,07 |
| 9 | 0,81 | 1,62 | 2,42 | 3,23 | 4,04 | 4,85 | 5,66 | 6,46 | 7,27 | 8,08 |
| **54,0** | 0,81 | 1,62 | 2,43 | 3,24 | 4,05 | 4,85 | 5,66 | 6,47 | 7,28 | 8,09 |
| 1 | 0,81 | 1,62 | 2,43 | 3,24 | 4,05 | 4,86 | 5,67 | 6,48 | 7,29 | 8,10 |
| 2 | 0,81 | 1,62 | 2,43 | 3,24 | 4,06 | 4,87 | 5,68 | 6,49 | 7,30 | 8,11 |
| 3 | 0,81 | 1,62 | 2,44 | 3,25 | 4,06 | 4,87 | 5,68 | 6,50 | 7,31 | 8,12 |
| 4 | 0,81 | 1,63 | 2,44 | 3,25 | 4,07 | 4,88 | 5,69 | 6,50 | 7,32 | 8,13 |
| 5 | 0,81 | 1,63 | 2,44 | 3,26 | 4,07 | 4,88 | 5,70 | 6,51 | 7,33 | 8,14 |
| 6 | 0,82 | 1,63 | 2,45 | 3,26 | 4,08 | 4,89 | 5,71 | 6,52 | 7,34 | 8,15 |
| 7 | 0,82 | 1,63 | 2,45 | 3,26 | 4,08 | 4,90 | 5,71 | 6,53 | 7,35 | 8,16 |
| 8 | 0,82 | 1,63 | 2,45 | 3,27 | 4,09 | 4,90 | 5,72 | 6,54 | 7,35 | 8,17 |
| 9 | 0,82 | 1,64 | 2,45 | 3,27 | 4,09 | 4,91 | 5,73 | 6,55 | 7,36 | 8,18 |

| Neigungs-winkel Grad | Flache Länge | | | | | | | | | |
|---|---|---|---|---|---|---|---|---|---|---|
| | 1 m | 2 m | 3 m | 4 m | 5 m | 6 m | 7 m | 8 m | 9 m | 10 m |
| | Sohle in Metern | | | | | | | | | |
| 50,0 | 0,64 | 1,29 | 1,93 | 2,57 | 3,21 | 3,86 | 4,50 | 5,14 | 5,79 | 6,43 |
| 1 | 0,64 | 1,28 | 1,92 | 2,57 | 3,21 | 3,85 | 4,49 | 5,13 | 5,77 | 6,41 |
| 2 | 0,64 | 1,28 | 1,92 | 2,56 | 3,20 | 3,84 | 4,48 | 5,12 | 5,76 | 6,40 |
| 3 | 0,64 | 1,28 | 1,92 | 2,56 | 3,19 | 3,83 | 4,47 | 5,11 | 5,75 | 6,39 |
| 4 | 0,64 | 1,27 | 1,91 | 2,55 | 3,19 | 3,82 | 4,46 | 5,10 | 5,74 | 6,37 |
| 5 | 0,64 | 1,27 | 1,91 | 2,54 | 3,18 | 3,82 | 4,45 | 5,09 | 5,72 | 6,36 |
| 6 | 0,63 | 1,27 | 1,90 | 2,54 | 3,17 | 3,81 | 4,44 | 5,08 | 5,71 | 6,35 |
| 7 | 0,63 | 1,27 | 1,90 | 2,53 | 3,17 | 3,80 | 4,43 | 5,07 | 5,70 | 6,33 |
| 8 | 0,63 | 1,26 | 1,90 | 2,53 | 3,16 | 3,79 | 4,42 | 5,06 | 5,69 | 6,32 |
| 9 | 0,63 | 1,26 | 1,89 | 2,52 | 3,15 | 3,78 | 4,41 | 5,05 | 5,68 | 6,31 |
| 51,0 | 0,63 | 1,26 | 1,89 | 2,52 | 3,15 | 3,78 | 4,41 | 5,03 | 5,66 | 6,29 |
| 1 | 0,63 | 1,26 | 1,88 | 2,51 | 3,14 | 3,77 | 4,40 | 5,02 | 5,65 | 6,28 |
| 2 | 0,63 | 1,25 | 1,88 | 2,51 | 3,13 | 3,76 | 4,39 | 5,01 | 5,64 | 6,27 |
| 3 | 0,63 | 1,25 | 1,88 | 2,50 | 3,13 | 3,75 | 4,38 | 5,00 | 5,63 | 6,25 |
| 4 | 0,62 | 1,25 | 1,87 | 2,50 | 3,12 | 3,74 | 4,37 | 4,99 | 5,61 | 6,24 |
| 5 | 0,62 | 1,25 | 1,87 | 2,49 | 3,11 | 3,74 | 4,36 | 4,98 | 5,60 | 6,23 |
| 6 | 0,62 | 1,24 | 1,86 | 2,48 | 3,11 | 3,73 | 4,35 | 4,97 | 5,59 | 6,21 |
| 7 | 0,62 | 1,24 | 1,86 | 2,48 | 3,10 | 3,72 | 4,34 | 4,96 | 5,58 | 6,20 |
| 8 | 0,62 | 1,24 | 1,86 | 2,47 | 3,09 | 3,71 | 4,33 | 4,95 | 5,57 | 6,18 |
| 9 | 0,62 | 1,23 | 1,85 | 2,47 | 3,09 | 3,70 | 4,32 | 4,94 | 5,55 | 6,17 |
| 52,0 | 0,62 | 1,23 | 1,85 | 2,46 | 3,08 | 3,69 | 4,31 | 4,93 | 5,54 | 6,16 |
| 1 | 0,61 | 1,23 | 1,84 | 2,46 | 3,07 | 3,69 | 4,30 | 4,91 | 5,53 | 6,14 |
| 2 | 0,61 | 1,23 | 1,84 | 2,45 | 3,06 | 3,68 | 4,29 | 4,90 | 5,52 | 6,13 |
| 3 | 0,61 | 1,22 | 1,83 | 2,45 | 3,06 | 3,67 | 4,28 | 4,89 | 5,50 | 6,12 |
| 4 | 0,61 | 1,22 | 1,83 | 2,44 | 3,05 | 3,66 | 4,27 | 4,88 | 5,49 | 6,10 |
| 5 | 0,61 | 1,22 | 1,83 | 2,44 | 3,04 | 3,65 | 4,26 | 4,87 | 5,48 | 6,09 |
| 6 | 0,61 | 1,21 | 1,82 | 2,43 | 3,04 | 3,64 | 4,25 | 4,86 | 5,47 | 6,07 |
| 7 | 0,61 | 1,21 | 1,82 | 2,42 | 3,03 | 3,64 | 4,24 | 4,85 | 5,45 | 6,06 |
| 8 | 0,60 | 1,21 | 1,81 | 2,42 | 3,02 | 3,63 | 4,23 | 4,84 | 5,44 | 6,05 |
| 9 | 0,60 | 1,21 | 1,81 | 2,41 | 3,02 | 3,62 | 4,22 | 4,83 | 5,43 | 6,03 |
| 53,0 | 0,60 | 1,20 | 1,81 | 2,41 | 3,01 | 3,61 | 4,21 | 4,81 | 5,42 | 6,02 |
| 1 | 0,60 | 1,20 | 1,80 | 2,40 | 3,00 | 3,60 | 4,20 | 4,80 | 5,40 | 6,00 |
| 2 | 0,60 | 1,20 | 1,80 | 2,40 | 3,00 | 3,59 | 4,19 | 4,79 | 5,39 | 5,99 |
| 3 | 0,60 | 1,20 | 1,79 | 2,39 | 2,99 | 3,59 | 4,18 | 4,78 | 5,38 | 5,98 |
| 4 | 0,60 | 1,19 | 1,79 | 2,38 | 2,98 | 3,58 | 4,17 | 4,77 | 5,37 | 5,96 |
| 5 | 0,59 | 1,19 | 1,78 | 2,38 | 2,97 | 3,57 | 4,16 | 4,76 | 5,35 | 5,95 |
| 6 | 0,59 | 1,19 | 1,78 | 2,37 | 2,97 | 3,56 | 4,15 | 4,75 | 5,34 | 5,93 |
| 7 | 0,59 | 1,18 | 1,78 | 2,37 | 2,96 | 3,55 | 4,14 | 4,74 | 5,33 | 5,92 |
| 8 | 0,59 | 1,18 | 1,77 | 2,36 | 2,95 | 3,54 | 4,13 | 4,72 | 5,32 | 5,91 |
| 9 | 0,59 | 1,18 | 1,77 | 2,36 | 2,95 | 3,54 | 4,12 | 4,71 | 5,30 | 5,89 |
| 54,0 | 0,59 | 1,18 | 1,76 | 2,35 | 2,94 | 3,53 | 4,11 | 4,70 | 5,29 | 5,88 |
| 1 | 0,59 | 1,17 | 1,76 | 2,35 | 2,93 | 3,52 | 4,10 | 4,69 | 5,28 | 5,86 |
| 2 | 0,58 | 1,17 | 1,75 | 2,34 | 2,92 | 3,51 | 4,09 | 4,68 | 5,26 | 5,85 |
| 3 | 0,58 | 1,17 | 1,75 | 2,33 | 2,92 | 3,50 | 4,08 | 4,67 | 5,25 | 5,84 |
| 4 | 0,58 | 1,16 | 1,75 | 2,33 | 2,91 | 3,49 | 4,07 | 4,66 | 5,24 | 5,82 |
| 5 | 0,58 | 1,16 | 1,74 | 2,32 | 2,90 | 3,48 | 4,06 | 4,65 | 5,23 | 5,81 |
| 6 | 0,58 | 1,16 | 1,74 | 2,32 | 2,90 | 3,48 | 4,05 | 4,63 | 5,21 | 5,79 |
| 7 | 0,58 | 1,16 | 1,73 | 2,31 | 2,89 | 3,47 | 4,05 | 4,62 | 5,20 | 5,78 |
| 8 | 0,58 | 1,15 | 1,73 | 2,31 | 2,88 | 3,46 | 4,04 | 4,61 | 5,19 | 5,76 |
| 9 | 0,58 | 1,15 | 1,73 | 2,30 | 2,88 | 3,45 | 4,03 | 4,60 | 5,18 | 5,75 |

| Neigungs-winkel Grad | Flache Länge | | | | | | | | | |
|---|---|---|---|---|---|---|---|---|---|---|
| | 1 m | 2 m | 3 m | 4 m | 5 m | 6 m | 7 m | 8 m | 9 m | 10 m |
| | Seigerteufe in Metern | | | | | | | | | |
| 55,0 | 0,82 | 1,64 | 2,46 | 3,28 | 4,10 | 4,91 | 5,73 | 6,55 | 7,37 | 8,19 |
| 1 | 0,82 | 1,64 | 2,46 | 3,28 | 4,10 | 4,92 | 5,74 | 6,56 | 7,38 | 8,20 |
| 2 | 0,82 | 1,64 | 2,46 | 3,28 | 4,11 | 4,93 | 5,75 | 6,57 | 7,39 | 8,21 |
| 3 | 0,82 | 1,64 | 2,47 | 3,29 | 4,11 | 4,93 | 5,76 | 6,58 | 7,40 | 8,22 |
| 4 | 0,82 | 1,65 | 2,47 | 3,29 | 4,12 | 4,94 | 5,76 | 6,59 | 7,41 | 8,23 |
| 5 | 0,82 | 1,65 | 2,47 | 3,30 | 4,12 | 4,94 | 5,77 | 6,59 | 7,42 | 8,24 |
| 6 | 0,83 | 1,65 | 2,48 | 3,30 | 4,13 | 4,95 | 5,78 | 6,60 | 7,43 | 8,25 |
| 7 | 0,83 | 1,65 | 2,48 | 3,30 | 4,13 | 4,96 | 5,78 | 6,61 | 7,43 | 8,26 |
| 8 | 0,83 | 1,65 | 2,48 | 3,31 | 4,14 | 4,96 | 5,79 | 6,62 | 7,44 | 8,27 |
| 9 | 0,83 | 1,66 | 2,48 | 3,31 | 4,14 | 4,97 | 5,80 | 6,62 | 7,45 | 8,28 |
| 56,0 | 0,83 | 1,66 | 2,49 | 3,32 | 4,15 | 4,97 | 5,80 | 6,63 | 7,46 | 8,29 |
| 1 | 0,83 | 1,66 | 2,49 | 3,32 | 4,15 | 4,98 | 5,81 | 6,64 | 7,47 | 8,30 |
| 2 | 0,83 | 1,66 | 2,49 | 3,32 | 4,15 | 4,99 | 5,82 | 6,65 | 7,48 | 8,31 |
| 3 | 0,83 | 1,66 | 2,50 | 3,33 | 4,16 | 4,99 | 5,82 | 6,66 | 7,49 | 8,32 |
| 4 | 0,83 | 1,67 | 2,50 | 3,33 | 4,16 | 5,00 | 5,83 | 6,66 | 7,50 | 8,33 |
| 5 | 0,83 | 1,67 | 2,50 | 3,34 | 4,17 | 5,00 | 5,84 | 6,67 | 7,50 | 8,34 |
| 6 | 0,83 | 1,67 | 2,50 | 3,34 | 4,17 | 5,01 | 5,84 | 6,68 | 7,51 | 8,35 |
| 7 | 0,84 | 1,67 | 2,51 | 3,34 | 4,18 | 5,01 | 5,85 | 6,69 | 7,52 | 8,36 |
| 8 | 0,84 | 1,67 | 2,51 | 3,35 | 4,18 | 5,02 | 5,86 | 6,69 | 7,53 | 8,37 |
| 9 | 0,84 | 1,68 | 2,51 | 3,35 | 4,19 | 5,03 | 5,86 | 6,70 | 7,54 | 8,38 |
| 57,0 | 0,84 | 1,68 | 2,52 | 3,35 | 4,19 | 5,03 | 5,87 | 6,71 | 7,55 | 8,39 |
| 1 | 0,84 | 1,68 | 2,52 | 3,36 | 4,20 | 5,04 | 5,88 | 6,72 | 7,56 | 8,40 |
| 2 | 0,84 | 1,68 | 2,52 | 3,36 | 4,20 | 5,04 | 5,88 | 6,72 | 7,57 | 8,41 |
| 3 | 0,84 | 1,68 | 2,52 | 3,37 | 4,21 | 5,05 | 5,89 | 6,73 | 7,57 | 8,42 |
| 4 | 0,84 | 1,68 | 2,53 | 3,37 | 4,21 | 5,05 | 5,90 | 6,74 | 7,58 | 8,42 |
| 5 | 0,84 | 1,69 | 2,53 | 3,37 | 4,22 | 5,06 | 5,90 | 6,75 | 7,59 | 8,43 |
| 6 | 0,84 | 1,69 | 2,53 | 3,38 | 4,22 | 5,07 | 5,91 | 6,75 | 7,60 | 8,44 |
| 7 | 0,85 | 1,69 | 2,54 | 3,38 | 4,23 | 5,07 | 5,92 | 6,76 | 7,61 | 8,45 |
| 8 | 0,85 | 1,69 | 2,54 | 3,38 | 4,23 | 5,08 | 5,92 | 6,77 | 7,62 | 8,46 |
| 9 | 0,85 | 1,69 | 2,54 | 3,39 | 4,24 | 5,08 | 5,93 | 6,78 | 7,62 | 8,47 |
| 58,0 | 0,85 | 1,70 | 2,54 | 3,39 | 4,24 | 5,09 | 5,94 | 6,78 | 7,63 | 8,48 |
| 1 | 0,85 | 1,70 | 2,55 | 3,40 | 4,24 | 5,09 | 5,94 | 6,79 | 7,64 | 8,49 |
| 2 | 0,85 | 1,70 | 2,55 | 3,40 | 4,25 | 5,10 | 5,95 | 6,80 | 7,65 | 8,50 |
| 3 | 0,85 | 1,70 | 2,55 | 3,40 | 4,25 | 5,10 | 5,96 | 6,81 | 7,66 | 8,51 |
| 4 | 0,85 | 1,70 | 2,56 | 3,41 | 4,26 | 5,11 | 5,96 | 6,81 | 7,67 | 8,52 |
| 5 | 0,85 | 1,71 | 2,56 | 3,41 | 4,26 | 5,12 | 5,97 | 6,82 | 7,67 | 8,53 |
| 6 | 0,85 | 1,71 | 2,56 | 3,41 | 4,27 | 5,12 | 5,97 | 6,83 | 7,68 | 8,54 |
| 7 | 0,85 | 1,71 | 2,56 | 3,42 | 4,27 | 5,13 | 5,98 | 6,84 | 7,69 | 8,54 |
| 8 | 0,86 | 1,71 | 2,57 | 3,42 | 4,28 | 5,13 | 5,99 | 6,84 | 7,70 | 8,55 |
| 9 | 0,86 | 1,71 | 2,57 | 3,43 | 4,28 | 5,14 | 5,99 | 6,85 | 7,71 | 8,56 |
| 59,0 | 0,86 | 1,71 | 2,57 | 3,43 | 4,29 | 5,14 | 6,00 | 6,86 | 7,71 | 8,57 |
| 1 | 0,86 | 1,72 | 2,57 | 3,43 | 4,29 | 5,15 | 6,01 | 6,86 | 7,72 | 8,58 |
| 2 | 0,86 | 1,72 | 2,58 | 3,44 | 4,29 | 5,15 | 6,01 | 6,87 | 7,73 | 8,59 |
| 3 | 0,86 | 1,72 | 2,58 | 3,44 | 4,30 | 5,16 | 6,02 | 6,88 | 7,74 | 8,60 |
| 4 | 0,86 | 1,72 | 2,58 | 3,44 | 4,30 | 5,16 | 6,03 | 6,89 | 7,75 | 8,61 |
| 5 | 0,86 | 1,72 | 2,58 | 3,45 | 4,31 | 5,17 | 6,03 | 6,89 | 7,75 | 8,62 |
| 6 | 0,86 | 1,73 | 2,59 | 3,45 | 4,31 | 5,18 | 6,04 | 6,90 | 7,76 | 8,63 |
| 7 | 0,86 | 1,73 | 2,59 | 3,45 | 4,32 | 5,18 | 6,04 | 6,91 | 7,77 | 8,63 |
| 8 | 0,86 | 1,73 | 2,59 | 3,46 | 4,32 | 5,19 | 6,05 | 6,91 | 7,78 | 8,64 |
| 9 | 0,87 | 1,73 | 2,60 | 3,46 | 4,33 | 5,19 | 6,06 | 6,92 | 7,79 | 8,65 |

| Nei-gungs-winkel | Flache Länge | | | | | | | | |
|---|---|---|---|---|---|---|---|---|---|
| | 1 m | 2 m | 3 m | 4 m | 5 m | 6 m | 7 m | 8 m | 9 m | 10 m |
| Grad | Sohle in Metern | | | | | | | | |
| 55,0 | 0,57 | 1,15 | 1,72 | 2,29 | 2,87 | 3,44 | 4,02 | 4,59 | 5,16 | 5,74 |
| 1 | 0,57 | 1,14 | 1,72 | 2,29 | 2,86 | 3,43 | 4,01 | 4,58 | 5,15 | 5,72 |
| 2 | 0,57 | 1,14 | 1,71 | 2,28 | 2,85 | 3,42 | 3,99 | 4,57 | 5,14 | 5,71 |
| 3 | 0,57 | 1,14 | 1,71 | 2,28 | 2,85 | 3,42 | 3,98 | 4,55 | 5,12 | 5,69 |
| 4 | 0,57 | 1,14 | 1,70 | 2,27 | 2,84 | 3,41 | 3,97 | 4,54 | 5,11 | 5,68 |
| 5 | 0,57 | 1,13 | 1,70 | 2,27 | 2,83 | 3,40 | 3,96 | 4,53 | 5,10 | 5,66 |
| 6 | 0,56 | 1,13 | 1,69 | 2,26 | 2,82 | 3,39 | 3,95 | 4,52 | 5,08 | 5,65 |
| 7 | 0,56 | 1,13 | 1,69 | 2,25 | 2,82 | 3,38 | 3,94 | 4,51 | 5,07 | 5,64 |
| 8 | 0,56 | 1,12 | 1,69 | 2,25 | 2,81 | 3,37 | 3,93 | 4,50 | 5,06 | 5,62 |
| 9 | 0,56 | 1,12 | 1,68 | 2,24 | 2,80 | 3,36 | 3,92 | 4,49 | 5,05 | 5,61 |
| 56,0 | 0,56 | 1,12 | 1,68 | 2,24 | 2,80 | 3,36 | 3,91 | 4,47 | 5,03 | 5,59 |
| 1 | 0,56 | 1,12 | 1,67 | 2,23 | 2,79 | 3,35 | 3,90 | 4,46 | 5,02 | 5,58 |
| 2 | 0,56 | 1,11 | 1,67 | 2,23 | 2,78 | 3,34 | 3,89 | 4,45 | 5,01 | 5,56 |
| 3 | 0,55 | 1,11 | 1,66 | 2,22 | 2,77 | 3,33 | 3,88 | 4,44 | 4,99 | 5,55 |
| 4 | 0,55 | 1,11 | 1,66 | 2,21 | 2,77 | 3,32 | 3,87 | 4,43 | 4,98 | 5,53 |
| 5 | 0,55 | 1,10 | 1,66 | 2,21 | 2,76 | 3,31 | 3,86 | 4,42 | 4,97 | 5,52 |
| 6 | 0,55 | 1,10 | 1,65 | 2,20 | 2,75 | 3,30 | 3,85 | 4,40 | 4,95 | 5,50 |
| 7 | 0,55 | 1,10 | 1,65 | 2,20 | 2,75 | 3,29 | 3,84 | 4,39 | 4,94 | 5,49 |
| 8 | 0,55 | 1,10 | 1,64 | 2,19 | 2,74 | 3,29 | 3,83 | 4,38 | 4,93 | 5,48 |
| 9 | 0,55 | 1,09 | 1,64 | 2,18 | 2,73 | 3,28 | 3,82 | 4,37 | 4,91 | 5,46 |
| 57,0 | 0,54 | 1,09 | 1,63 | 2,18 | 2,72 | 3,27 | 3,81 | 4,36 | 4,90 | 5,45 |
| 1 | 0,54 | 1,09 | 1,63 | 2,17 | 2,72 | 3,26 | 3,80 | 4,35 | 4,89 | 5,43 |
| 2 | 0,54 | 1,08 | 1,63 | 2,17 | 2,71 | 3,25 | 3,79 | 4,33 | 4,88 | 5,42 |
| 3 | 0,54 | 1,08 | 1,62 | 2,16 | 2,70 | 3,24 | 3,78 | 4,32 | 4,86 | 5,40 |
| 4 | 0,54 | 1,08 | 1,62 | 2,16 | 2,69 | 3,23 | 3,77 | 4,31 | 4,85 | 5,39 |
| 5 | 0,54 | 1,07 | 1,61 | 2,15 | 2,69 | 3,22 | 3,76 | 4,30 | 4,84 | 5,37 |
| 6 | 0,54 | 1,07 | 1,61 | 2,14 | 2,68 | 3,21 | 3,75 | 4,29 | 4,82 | 5,36 |
| 7 | 0,53 | 1,07 | 1,60 | 2,14 | 2,67 | 3,21 | 3,74 | 4,27 | 4,81 | 5,34 |
| 8 | 0,53 | 1,07 | 1,60 | 2,13 | 2,66 | 3,20 | 3,73 | 4,26 | 4,80 | 5,33 |
| 9 | 0,53 | 1,06 | 1,59 | 2,13 | 2,66 | 3,19 | 3,72 | 4,25 | 4,78 | 5,31 |
| 58,0 | 0,53 | 1,06 | 1,59 | 2,12 | 2,65 | 3,18 | 3,71 | 4,24 | 4,77 | 5,30 |
| 1 | 0,53 | 1,06 | 1,59 | 2,11 | 2,64 | 3,17 | 3,70 | 4,23 | 4,76 | 5,28 |
| 2 | 0,53 | 1,05 | 1,58 | 2,11 | 2,63 | 3,16 | 3,69 | 4,22 | 4,74 | 5,27 |
| 3 | 0,53 | 1,05 | 1,58 | 2,10 | 2,63 | 3,15 | 3,68 | 4,20 | 4,73 | 5,25 |
| 4 | 0,52 | 1,05 | 1,57 | 2,10 | 2,62 | 3,14 | 3,67 | 4,19 | 4,72 | 5,24 |
| 5 | 0,52 | 1,04 | 1,57 | 2,09 | 2,61 | 3,13 | 3,66 | 4,18 | 4,70 | 5,22 |
| 6 | 0,52 | 1,04 | 1,56 | 2,08 | 2,61 | 3,13 | 3,65 | 4,17 | 4,69 | 5,21 |
| 7 | 0,52 | 1,04 | 1,56 | 2,08 | 2,60 | 3,12 | 3,64 | 4,16 | 4,68 | 5,20 |
| 8 | 0,52 | 1,04 | 1,55 | 2,07 | 2,59 | 3,11 | 3,63 | 4,14 | 4,66 | 5,18 |
| 9 | 0,52 | 1,03 | 1,55 | 2,07 | 2,58 | 3,10 | 3,62 | 4,13 | 4,65 | 5,17 |
| 59,0 | 0,52 | 1,03 | 1,55 | 2,06 | 2,58 | 3,09 | 3,61 | 4,12 | 4,64 | 5,15 |
| 1 | 0,51 | 1,03 | 1,54 | 2,05 | 2,57 | 3,08 | 3,59 | 4,11 | 4,62 | 5,14 |
| 2 | 0,51 | 1,02 | 1,54 | 2,05 | 2,56 | 3,07 | 3,58 | 4,10 | 4,61 | 5,12 |
| 3 | 0,51 | 1,02 | 1,53 | 2,04 | 2,55 | 3,06 | 3,57 | 4,08 | 4,59 | 5,11 |
| 4 | 0,51 | 1,02 | 1,53 | 2,04 | 2,55 | 3,05 | 3,56 | 4,07 | 4,58 | 5,09 |
| 5 | 0,51 | 1,02 | 1,52 | 2,03 | 2,54 | 3,05 | 3,55 | 4,06 | 4,57 | 5,08 |
| 6 | 0,51 | 1,01 | 1,52 | 2,02 | 2,53 | 3,04 | 3,54 | 4,05 | 4,55 | 5,06 |
| 7 | 0,50 | 1,01 | 1,51 | 2,02 | 2,52 | 3,03 | 3,53 | 4,04 | 4,54 | 5,05 |
| 8 | 0,50 | 1,01 | 1,51 | 2,01 | 2,52 | 3,02 | 3,52 | 4,02 | 4,53 | 5,03 |
| 9 | 0,50 | 1,00 | 1,50 | 2,01 | 2,51 | 3,01 | 3,51 | 4,01 | 4,51 | 5,02 |

| Neigungs-winkel Grad | Flache Länge | | | | | | | | | |
|---|---|---|---|---|---|---|---|---|---|---|
| | 1 m | 2 m | 3 m | 4 m | 5 m | 6 m | 7 m | 8 m | 9 m | 10 m |
| | Seigerteufe in Metern | | | | | | | | | |
| 60,0 | 0,87 | 1,73 | 2,60 | 3,46 | 4,33 | 5,20 | 6,06 | 6,93 | 7,79 | 8,66 |
| 1 | 0,87 | 1,73 | 2,60 | 3,47 | 4,33 | 5,20 | 6,07 | 6,94 | 7,80 | 8,67 |
| 2 | 0,87 | 1,74 | 2,60 | 3,47 | 4,34 | 5,21 | 6,07 | 6,94 | 7,81 | 8,68 |
| 3 | 0,87 | 1,74 | 2,61 | 3,47 | 4,34 | 5,21 | 6,08 | 6,95 | 7,82 | 8,69 |
| 4 | 0,87 | 1,74 | 2,61 | 3,48 | 4,35 | 5,22 | 6,09 | 6,96 | 7,83 | 8,69 |
| 5 | 0,87 | 1,74 | 2,61 | 3,48 | 4,35 | 5,22 | 6,09 | 6,96 | 7,83 | 8,70 |
| 6 | 0,87 | 1,74 | 2,61 | 3,48 | 4,36 | 5,23 | 6,10 | 6,97 | 7,84 | 8,71 |
| 7 | 0,87 | 1,74 | 2,62 | 3,49 | 4,36 | 5,23 | 6,10 | 6,98 | 7,85 | 8,72 |
| 8 | 0,87 | 1,75 | 2,62 | 3,49 | 4,36 | 5,24 | 6,11 | 6,98 | 7,86 | 8,73 |
| 9 | 0,87 | 1,75 | 2,62 | 3,50 | 4,37 | 5,24 | 6,12 | 6,99 | 7,86 | 8,74 |
| 61,0 | 0,87 | 1,75 | 2,62 | 3,50 | 4,37 | 5,25 | 6,12 | 7,00 | 7,87 | 8,75 |
| 1 | 0,88 | 1,75 | 2,63 | 3,50 | 4,38 | 5,25 | 6,13 | 7,00 | 7,88 | 8,75 |
| 2 | 0,88 | 1,75 | 2,63 | 3,51 | 4,38 | 5,26 | 6,13 | 7,01 | 7,89 | 8,76 |
| 3 | 0,88 | 1,75 | 2,63 | 3,51 | 4,39 | 5,26 | 6,14 | 7,02 | 7,89 | 8,77 |
| 4 | 0,88 | 1,76 | 2,63 | 3,51 | 4,39 | 5,27 | 6,15 | 7,02 | 7,90 | 8,78 |
| 5 | 0,88 | 1,76 | 2,64 | 3,52 | 4,39 | 5,27 | 6,15 | 7,03 | 7,91 | 8,79 |
| 6 | 0,88 | 1,76 | 2,64 | 3,52 | 4,40 | 5,28 | 6,16 | 7,04 | 7,92 | 8,80 |
| 7 | 0,88 | 1,76 | 2,64 | 3,52 | 4,40 | 5,28 | 6,16 | 7,04 | 7,92 | 8,80 |
| 8 | 0,88 | 1,76 | 2,64 | 3,53 | 4,41 | 5,29 | 6,17 | 7,05 | 7,93 | 8,81 |
| 9 | 0,88 | 1,76 | 2,65 | 3,53 | 4,41 | 5,29 | 6,17 | 7,06 | 7,94 | 8,82 |
| 62,0 | 0,88 | 1,77 | 2,65 | 3,53 | 4,41 | 5,30 | 6,18 | 7,06 | 7,95 | 8,83 |
| 1 | 0,88 | 1,77 | 2,65 | 3,54 | 4,42 | 5,30 | 6,19 | 7,07 | 7,95 | 8,84 |
| 2 | 0,88 | 1,77 | 2,65 | 3,54 | 4,42 | 5,31 | 6,19 | 7,08 | 7,96 | 8,85 |
| 3 | 0,89 | 1,77 | 2,66 | 3,54 | 4,43 | 5,31 | 6,20 | 7,08 | 7,97 | 8,85 |
| 4 | 0,89 | 1,77 | 2,66 | 3,54 | 4,43 | 5,32 | 6,20 | 7,09 | 7,98 | 8,86 |
| 5 | 0,89 | 1,77 | 2,66 | 3,55 | 4,44 | 5,32 | 6,21 | 7,10 | 7,98 | 8,87 |
| 6 | 0,89 | 1,78 | 2,66 | 3,55 | 4,44 | 5,33 | 6,21 | 7,10 | 7,99 | 8,88 |
| 7 | 0,89 | 1,78 | 2,67 | 3,55 | 4,44 | 5,33 | 6,22 | 7,11 | 8,00 | 8,89 |
| 8 | 0,89 | 1,78 | 2,67 | 3,56 | 4,45 | 5,34 | 6,23 | 7,12 | 8,00 | 8,89 |
| 9 | 0,89 | 1,78 | 2,67 | 3,56 | 4,45 | 5,34 | 6,23 | 7,12 | 8,01 | 8,90 |
| 63,0 | 0,89 | 1,78 | 2,67 | 3,56 | 4,46 | 5,35 | 6,24 | 7,13 | 8,02 | 8,91 |
| 1 | 0,89 | 1,78 | 2,68 | 3,57 | 4,46 | 5,35 | 6,24 | 7,13 | 8,03 | 8,92 |
| 2 | 0,89 | 1,79 | 2,68 | 3,57 | 4,46 | 5,36 | 6,25 | 7,14 | 8,03 | 8,93 |
| 3 | 0,89 | 1,79 | 2,68 | 3,57 | 4,47 | 5,36 | 6,25 | 7,15 | 8,04 | 8,93 |
| 4 | 0,89 | 1,79 | 2,68 | 3,58 | 4,47 | 5,36 | 6,26 | 7,15 | 8,05 | 8,94 |
| 5 | 0,89 | 1,79 | 2,68 | 3,58 | 4,47 | 5,37 | 6,26 | 7,16 | 8,05 | 8,95 |
| 6 | 0,90 | 1,79 | 2,69 | 3,58 | 4,48 | 5,37 | 6,27 | 7,17 | 8,06 | 8,96 |
| 7 | 0,90 | 1,79 | 2,69 | 3,59 | 4,48 | 5,38 | 6,28 | 7,17 | 8,07 | 8,96 |
| 8 | 0,90 | 1,79 | 2,69 | 3,59 | 4,49 | 5,38 | 6,28 | 7,18 | 8,08 | 8,97 |
| 9 | 0,90 | 1,80 | 2,69 | 3,59 | 4,49 | 5,39 | 6,29 | 7,18 | 8,08 | 8,98 |
| 64,0 | 0,90 | 1,80 | 2,70 | 3,60 | 4,49 | 5,39 | 6,29 | 7,19 | 8,09 | 8,99 |
| 1 | 0,90 | 1,80 | 2,70 | 3,60 | 4,50 | 5,40 | 6,30 | 7,20 | 8,10 | 9,00 |
| 2 | 0,90 | 1,80 | 2,70 | 3,60 | 4,50 | 5,40 | 6,30 | 7,20 | 8,10 | 9,00 |
| 3 | 0,90 | 1,80 | 2,70 | 3,60 | 4,51 | 5,41 | 6,31 | 7,21 | 8,11 | 9,01 |
| 4 | 0,90 | 1,80 | 2,71 | 3,61 | 4,51 | 5,41 | 6,31 | 7,21 | 8,12 | 9,02 |
| 5 | 0,90 | 1,81 | 2,71 | 3,61 | 4,51 | 5,42 | 6,32 | 7,22 | 8,12 | 9,03 |
| 6 | 0,90 | 1,81 | 2,71 | 3,61 | 4,52 | 5,42 | 6,32 | 7,23 | 8,13 | 9,03 |
| 7 | 0,90 | 1,81 | 2,71 | 3,62 | 4,52 | 5,42 | 6,33 | 7,23 | 8,14 | 9,04 |
| 8 | 0,90 | 1,81 | 2,71 | 3,62 | 4,52 | 5,43 | 6,33 | 7,24 | 8,14 | 9,05 |
| 9 | 0,91 | 1,81 | 2,72 | 3,62 | 4,53 | 5,43 | 6,34 | 7,24 | 8,15 | 9,06 |

26

| Neigungs-winkel Grad | Flache Länge |||||||||| 
|---|---|---|---|---|---|---|---|---|---|
|  | 1 m | 2 m | 3 m | 4 m | 5 m | 6 m | 7 m | 8 m | 9 m | 10 m |
|  | Sohle in Metern |||||||||| 
| 60,0 | 0,50 | 1,00 | 1,50 | 2,00 | 2,50 | 3,00 | 3,50 | 4,00 | 4,50 | 5,00 |
| 1 | 0,50 | 1,00 | 1,50 | 1,99 | 2,49 | 2,99 | 3,49 | 3,99 | 4,49 | 4,98 |
| 2 | 0,50 | 0,99 | 1,49 | 1,99 | 2,48 | 2,98 | 3,48 | 3,98 | 4,47 | 4,97 |
| 3 | 0,50 | 0,99 | 1,49 | 1,98 | 2,48 | 2,97 | 3,47 | 3,96 | 4,46 | 4,95 |
| 4 | 0,49 | 0,99 | 1,48 | 1,98 | 2,47 | 2,96 | 3,46 | 3,95 | 4,45 | 4,94 |
| 5 | 0,49 | 0,98 | 1,48 | 1,97 | 2,46 | 2,95 | 3,45 | 3,94 | 4,43 | 4,92 |
| 6 | 0,49 | 0,98 | 1,47 | 1,96 | 2,45 | 2,95 | 3,44 | 3,93 | 4,42 | 4,91 |
| 7 | 0,49 | 0,98 | 1,47 | 1,96 | 2,45 | 2,94 | 3,43 | 3,92 | 4,40 | 4,89 |
| 8 | 0,49 | 0,98 | 1,46 | 1,95 | 2,44 | 2,93 | 3,42 | 3,90 | 4,39 | 4,88 |
| 9 | 0,49 | 0,97 | 1,46 | 1,95 | 2,43 | 2,92 | 3,40 | 3,89 | 4,38 | 4,86 |
| 61,0 | 0,48 | 0,97 | 1,45 | 1,94 | 2,42 | 2,91 | 3,39 | 3,88 | 4,36 | 4,85 |
| 1 | 0,48 | 0,97 | 1,45 | 1,93 | 2,42 | 2,90 | 3,38 | 3,87 | 4,35 | 4,83 |
| 2 | 0,48 | 0,96 | 1,45 | 1,93 | 2,41 | 2,89 | 3,37 | 3,85 | 4,34 | 4,82 |
| 3 | 0,48 | 0,96 | 1,44 | 1,92 | 2,40 | 2,88 | 3,36 | 3,84 | 4,32 | 4,80 |
| 4 | 0,48 | 0,96 | 1,44 | 1,91 | 2,39 | 2,87 | 3,35 | 3,83 | 4,31 | 4,79 |
| 5 | 0,48 | 0,95 | 1,43 | 1,91 | 2,39 | 2,86 | 3,34 | 3,82 | 4,29 | 4,77 |
| 6 | 0,48 | 0,95 | 1,43 | 1,90 | 2,38 | 2,85 | 3,33 | 3,80 | 4,28 | 4,76 |
| 7 | 0,47 | 0,95 | 1,42 | 1,90 | 2,37 | 2,84 | 3,32 | 3,79 | 4,27 | 4,74 |
| 8 | 0,47 | 0,95 | 1,42 | 1,89 | 2,36 | 2,84 | 3,31 | 3,78 | 4,25 | 4,73 |
| 9 | 0,47 | 0,94 | 1,41 | 1,88 | 2,36 | 2,83 | 3,30 | 3,77 | 4,24 | 4,71 |
| 62,0 | 0,47 | 0,94 | 1,41 | 1,88 | 2,35 | 2,82 | 3,29 | 3,76 | 4,23 | 4,69 |
| 1 | 0,47 | 0,94 | 1,40 | 1,87 | 2,34 | 2,81 | 3,28 | 3,74 | 4,21 | 4,68 |
| 2 | 0,47 | 0,93 | 1,40 | 1,87 | 2,33 | 2,80 | 3,26 | 3,73 | 4,20 | 4,66 |
| 3 | 0,46 | 0,93 | 1,39 | 1,86 | 2,32 | 2,79 | 3,25 | 3,72 | 4,18 | 4,65 |
| 4 | 0,46 | 0,93 | 1,39 | 1,85 | 2,32 | 2,78 | 3,24 | 3,71 | 4,17 | 4,63 |
| 5 | 0,46 | 0,92 | 1,39 | 1,85 | 2,31 | 2,77 | 3,23 | 3,69 | 4,16 | 4,62 |
| 6 | 0,46 | 0,92 | 1,38 | 1,84 | 2,30 | 2,76 | 3,22 | 3,68 | 4,14 | 4,60 |
| 7 | 0,46 | 0,92 | 1,38 | 1,83 | 2,29 | 2,75 | 3,21 | 3,67 | 4,13 | 4,59 |
| 8 | 0,46 | 0,91 | 1,37 | 1,83 | 2,29 | 2,74 | 3,20 | 3,66 | 4,11 | 4,57 |
| 9 | 0,46 | 0,91 | 1,37 | 1,82 | 2,28 | 2,73 | 3,19 | 3,64 | 4,10 | 4,56 |
| 63,0 | 0,45 | 0,91 | 1,36 | 1,82 | 2,27 | 2,72 | 3,18 | 3,63 | 4,09 | 4,54 |
| 1 | 0,45 | 0,90 | 1,36 | 1,81 | 2,26 | 2,71 | 3,17 | 3,62 | 4,07 | 4,52 |
| 2 | 0,45 | 0,90 | 1,35 | 1,80 | 2,25 | 2,71 | 3,16 | 3,61 | 4,06 | 4,51 |
| 3 | 0,45 | 0,90 | 1,35 | 1,80 | 2,25 | 2,70 | 3,15 | 3,59 | 4,04 | 4,49 |
| 4 | 0,45 | 0,90 | 1,34 | 1,79 | 2,24 | 2,69 | 3,13 | 3,58 | 4,03 | 4,48 |
| 5 | 0,45 | 0,89 | 1,34 | 1,78 | 2,23 | 2,68 | 3,12 | 3,57 | 4,02 | 4,46 |
| 6 | 0,44 | 0,89 | 1,33 | 1,78 | 2,22 | 2,67 | 3,11 | 3,56 | 4,00 | 4,45 |
| 7 | 0,44 | 0,89 | 1,33 | 1,77 | 2,22 | 2,66 | 3,10 | 3,54 | 3,99 | 4,43 |
| 8 | 0,44 | 0,88 | 1,32 | 1,77 | 2,21 | 2,65 | 3,09 | 3,53 | 3,97 | 4,42 |
| 9 | 0,44 | 0,88 | 1,32 | 1,76 | 2,20 | 2,64 | 3,08 | 3,52 | 3,96 | 4,40 |
| 64,0 | 0,44 | 0,88 | 1,32 | 1,75 | 2,19 | 2,63 | 3,07 | 3,51 | 3,95 | 4,38 |
| 1 | 0,44 | 0,87 | 1,31 | 1,75 | 2,18 | 2,62 | 3,06 | 3,49 | 3,93 | 4,37 |
| 2 | 0,44 | 0,87 | 1,31 | 1,74 | 2,18 | 2,61 | 3,05 | 3,48 | 3,92 | 4,35 |
| 3 | 0,43 | 0,87 | 1,30 | 1,73 | 2,17 | 2,60 | 3,04 | 3,47 | 3,90 | 4,34 |
| 4 | 0,43 | 0,86 | 1,30 | 1,73 | 2,16 | 2,59 | 3,02 | 3,46 | 3,89 | 4,32 |
| 5 | 0,43 | 0,86 | 1,29 | 1,72 | 2,15 | 2,58 | 3,01 | 3,44 | 3,87 | 4,31 |
| 6 | 0,43 | 0,86 | 1,29 | 1,72 | 2,14 | 2,57 | 3,00 | 3,43 | 3,86 | 4,29 |
| 7 | 0,43 | 0,85 | 1,28 | 1,71 | 2,14 | 2,56 | 2,99 | 3,42 | 3,85 | 4,27 |
| 8 | 0,43 | 0,85 | 1,28 | 1,70 | 2,13 | 2,55 | 2,98 | 3,41 | 3,83 | 4,26 |
| 9 | 0,42 | 0,85 | 1,27 | 1,70 | 2,12 | 2,55 | 2,97 | 3,39 | 3,82 | 4,24 |

| Neigungswinkel | Flache Länge | | | | | | | | | |
|---|---|---|---|---|---|---|---|---|---|---|
| | 1 m | 2 m | 3 m | 4 m | 5 m | 6 m | 7 m | 8 m | 9 m | 10 m |
| Grad | Seigerteufe in Metern | | | | | | | | | |
| **65**,0 | 0,91 | 1,81 | 2,72 | 3,03 | 4,53 | 5,44 | 6,34 | 7,25 | 8,16 | 9,06 |
| 1 | 0,91 | 1,81 | 2,72 | 3,63 | 4,54 | 5,44 | 6,35 | 7,26 | 8,16 | 9,07 |
| 2 | 0,91 | 1,82 | 2,72 | 3,63 | 4,54 | 5,45 | 6,35 | 7,26 | 8,17 | 9,08 |
| 3 | 0,91 | 1,82 | 2,73 | 3,63 | 4,54 | 5,45 | 6,36 | 7,27 | 8,18 | 9,09 |
| 4 | 0,91 | 1,82 | 2,73 | 3,64 | 4,55 | 5,46 | 6,36 | 7,27 | 8,18 | 9,09 |
| 5 | 0,91 | 1,82 | 2,73 | 3,64 | 4,55 | 5,46 | 6,37 | 7,28 | 8,19 | 9,10 |
| 6 | 0,91 | 1,82 | 2,73 | 3,64 | 4,55 | 5,46 | 6,37 | 7,29 | 8,20 | 9,11 |
| 7 | 0,91 | 1,82 | 2,73 | 3,65 | 4,56 | 5,47 | 6,38 | 7,29 | 8,20 | 9,11 |
| 8 | 0,91 | 1,82 | 2,74 | 3,65 | 4,56 | 5,47 | 6,38 | 7,30 | 8,21 | 9,12 |
| 9 | 0,91 | 1,83 | 2,74 | 3,65 | 4,56 | 5,48 | 6,39 | 7,30 | 8,22 | 9,13 |
| **66**,0 | 0,91 | 1,83 | 2,74 | 3,65 | 4,57 | 5,48 | 6,39 | 7,31 | 8,22 | 9,14 |
| 1 | 0,91 | 1,83 | 2,74 | 3,66 | 4,57 | 5,49 | 6,40 | 7,31 | 8,23 | 9,14 |
| 2 | 0,91 | 1,83 | 2,74 | 3,66 | 4,57 | 5,49 | 6,40 | 7,32 | 8,23 | 9,15 |
| 3 | 0,92 | 1,83 | 2,75 | 3,66 | 4,58 | 5,49 | 6,41 | 7,33 | 8,24 | 9,16 |
| 4 | 0,92 | 1,83 | 2,75 | 3,67 | 4,58 | 5,50 | 6,41 | 7,33 | 8,25 | 9,16 |
| 5 | 0,92 | 1,83 | 2,75 | 3,67 | 4,59 | 5,50 | 6,42 | 7,34 | 8,25 | 9,17 |
| 6 | 0,92 | 1,84 | 2,75 | 3,67 | 4,59 | 5,51 | 6,42 | 7,34 | 8,26 | 9,18 |
| 7 | 0,92 | 1,84 | 2,76 | 3,67 | 4,59 | 5,51 | 6,43 | 7,35 | 8,27 | 9,18 |
| 8 | 0,92 | 1,84 | 2,76 | 3,68 | 4,60 | 5,51 | 6,43 | 7,35 | 8,27 | 9,19 |
| 9 | 0,92 | 1,84 | 2,76 | 3,68 | 4,60 | 5,52 | 6,44 | 7,36 | 8,28 | 0,20 |
| **67**,0 | 0,92 | 1,84 | 2,76 | 3,68 | 4,60 | 5,52 | 6,44 | 7,36 | 8,28 | 9,21 |
| 1 | 0,92 | 1,84 | 2,76 | 3,68 | 4,61 | 5,53 | 6,45 | 7,37 | 8,29 | 9,21 |
| 2 | 0,92 | 1,84 | 2,77 | 3,69 | 4,61 | 5,53 | 6,45 | 7,37 | 8,30 | 9,22 |
| 3 | 0,92 | 1,85 | 2,77 | 3,69 | 4,61 | 5,54 | 6,46 | 7,38 | 8,30 | 9,23 |
| 4 | 0,92 | 1,85 | 2,77 | 3,69 | 4,62 | 5,54 | 6,46 | 7,39 | 8,31 | 9,23 |
| 5 | 0,92 | 1,85 | 2,77 | 3,70 | 4,62 | 5,54 | 6,47 | 7,39 | 8,31 | 9,24 |
| 6 | 0,92 | 1,85 | 2,77 | 3,70 | 4,62 | 5,55 | 6,47 | 7,40 | 8,32 | 9,25 |
| 7 | 0,93 | 1,85 | 2,78 | 3,70 | 4,63 | 5,55 | 6,48 | 7,40 | 8,33 | 9,25 |
| 8 | 0,93 | 1,85 | 2,78 | 3,70 | 4,63 | 5,56 | 6,48 | 7,41 | 8,33 | 9,26 |
| 9 | 0,93 | 1,85 | 2,78 | 3,71 | 4,63 | 5,56 | 6,49 | 7,41 | 8,34 | 9,27 |
| **68**,0 | 0,93 | 1,85 | 2,78 | 3,71 | 4,64 | 5,56 | 6,49 | 7,42 | 8,34 | 9,27 |
| 1 | 0,93 | 1,86 | 2,78 | 3,71 | 4,64 | 5,57 | 6,49 | 7,42 | 8,35 | 9,28 |
| 2 | 0,93 | 1,86 | 2,79 | 3,71 | 4,64 | 5,57 | 6,50 | 7,43 | 8,36 | 9,28 |
| 3 | 0,93 | 1,86 | 2,79 | 3,72 | 4,65 | 5,57 | 6,50 | 7,43 | 8,36 | 9,29 |
| 4 | 0,93 | 1,86 | 2,79 | 3,72 | 4,65 | 5,58 | 6,51 | 7,44 | 8,37 | 9,30 |
| 5 | 0,93 | 1,86 | 2,79 | 3,72 | 4,65 | 5,58 | 6,51 | 7,44 | 8,37 | 9,30 |
| 6 | 0,93 | 1,86 | 2,79 | 3,72 | 4,66 | 5,59 | 6,52 | 7,45 | 8,38 | 9,31 |
| 7 | 0,93 | 1,86 | 2,80 | 3,73 | 4,66 | 5,59 | 6,52 | 7,45 | 8,39 | 9,32 |
| 8 | 0,93 | 1,86 | 2,80 | 3,73 | 4,66 | 5,59 | 6,53 | 7,46 | 8,39 | 9,32 |
| 9 | 0,93 | 1,87 | 2,80 | 3,73 | 4,66 | 5,60 | 6,53 | 7,46 | 8,40 | 9,33 |
| **69**,0 | 0,93 | 1,87 | 2,80 | 3,73 | 4,67 | 5,60 | 6,54 | 7,47 | 8,40 | 9,34 |
| 1 | 0,93 | 1,87 | 2,80 | 3,74 | 4,67 | 5,01 | 6,54 | 7,47 | 8,41 | 9,34 |
| 2 | 0,93 | 1,87 | 2,80 | 3,74 | 4,67 | 5,61 | 6,54 | 7,48 | 8,41 | 9,35 |
| 3 | 0,94 | 1,87 | 2,81 | 3,74 | 4,68 | 5,61 | 6,55 | 7,48 | 8,42 | 9,35 |
| 4 | 0,94 | 1,87 | 2,81 | 3,74 | 4,68 | 5,62 | 6,55 | 7,49 | 8,42 | 9,36 |
| 5 | 0,94 | 1,87 | 2,81 | 3,75 | 4,68 | 5,62 | 6,56 | 7,49 | 8,43 | 9,37 |
| 6 | 0,94 | 1,87 | 2,81 | 3,75 | 4,69 | 5,62 | 6,56 | 7,50 | 8,44 | 9,37 |
| 7 | 0,94 | 1,88 | 2,81 | 3,75 | 4,69 | 5,63 | 6,57 | 7,50 | 8,44 | 9,38 |
| 8 | 0,94 | 1,88 | 2,82 | 3,75 | 4,69 | 5,63 | 6,57 | 7,51 | 8,45 | 9,38 |
| 9 | 0,94 | 1,88 | 2,82 | 3,76 | 4,70 | 5,63 | 6,57 | 7,51 | 8,45 | 9,39 |

| Neigungswinkel | Flache Länge | | | | | | | | | |
|---|---|---|---|---|---|---|---|---|---|---|
| | 1 m | 2 m | 3 m | 4 m | 5 m | 6 m | 7 m | 8 m | 9 m | 10 m |
| Grad | Sohle in Metern | | | | | | | | | |
| 65,0 | 0,42 | 0,85 | 1,27 | 1,69 | 2,11 | 2,54 | 2,96 | 3,38 | 3,80 | 4,23 |
| 1 | 0,42 | 0,84 | 1,20 | 1,68 | 2,11 | 2,53 | 2,95 | 3,37 | 3,79 | 4,21 |
| 2 | 0,42 | 0,84 | 1,26 | 1,68 | 2,10 | 2,52 | 2,94 | 3,36 | 3,78 | 4,19 |
| 3 | 0,42 | 0,84 | 1,25 | 1,67 | 2,09 | 2,51 | 2,93 | 3,34 | 3,76 | 4,18 |
| 4 | 0,42 | 0,83 | 1,25 | 1,67 | 2,08 | 2,50 | 2,91 | 3,33 | 3,75 | 4,16 |
| 5 | 0,41 | 0,83 | 1,24 | 1,66 | 2,07 | 2,49 | 2,90 | 3,32 | 3,73 | 4,15 |
| 6 | 0,41 | 0,83 | 1,24 | 1,65 | 2,07 | 2,48 | 2,89 | 3,30 | 3,72 | 4,13 |
| 7 | 0,41 | 0,82 | 1,23 | 1,65 | 2,06 | 2,47 | 2,88 | 3,29 | 3,70 | 4,12 |
| 8 | 0,41 | 0,82 | 1,23 | 1,64 | 2,05 | 2,46 | 2,87 | 3,28 | 3,69 | 4,10 |
| 9 | 0,41 | 0,82 | 1,22 | 1,63 | 2,04 | 2,45 | 2,86 | 3,27 | 3,67 | 4,08 |
| 66,0 | 0,41 | 0,81 | 1,22 | 1,63 | 2,03 | 2,44 | 2,85 | 3,25 | 3,66 | 4,07 |
| 1 | 0,41 | 0,81 | 1,22 | 1,62 | 2,03 | 2,43 | 2,84 | 3,24 | 3,65 | 4,05 |
| 2 | 0,40 | 0,81 | 1,21 | 1,61 | 2,02 | 2,42 | 2,82 | 3,23 | 3,63 | 4,04 |
| 3 | 0,40 | 0,80 | 1,21 | 1,61 | 2,01 | 2,41 | 2,81 | 3,22 | 3,62 | 4,02 |
| 4 | 0,40 | 0,80 | 1,20 | 1,60 | 2,00 | 2,40 | 2,80 | 3,20 | 3,60 | 4,00 |
| 5 | 0,40 | 0,80 | 1,20 | 1,59 | 1,99 | 2,39 | 2,79 | 3,19 | 3,59 | 3,99 |
| 6 | 0,40 | 0,79 | 1,19 | 1,59 | 1,99 | 2,38 | 2,78 | 3,18 | 3,57 | 3,97 |
| 7 | 0,40 | 0,79 | 1,19 | 1,58 | 1,98 | 2,37 | 2,77 | 3,16 | 3,56 | 3,96 |
| 8 | 0,39 | 0,79 | 1,18 | 1,58 | 1,97 | 2,36 | 2,76 | 3,15 | 3,55 | 3,94 |
| 9 | 0,39 | 0,78 | 1,18 | 1,57 | 1,96 | 2,35 | 2,75 | 3,14 | 3,53 | 3,92 |
| 67,0 | 0,39 | 0,78 | 1,17 | 1,56 | 1,95 | 2,34 | 2,74 | 3,13 | 3,52 | 3,91 |
| 1 | 0,39 | 0,78 | 1,17 | 1,56 | 1,95 | 2,33 | 2,72 | 3,11 | 3,50 | 3,89 |
| 2 | 0,39 | 0,78 | 1,16 | 1,55 | 1,94 | 2,33 | 2,71 | 3,10 | 3,49 | 3,88 |
| 3 | 0,39 | 0,77 | 1,16 | 1,54 | 1,93 | 2,32 | 2,70 | 3,09 | 3,47 | 3,86 |
| 4 | 0,38 | 0,77 | 1,15 | 1,54 | 1,92 | 2,31 | 2,69 | 3,07 | 3,46 | 3,84 |
| 5 | 0,38 | 0,77 | 1,15 | 1,53 | 1,91 | 2,30 | 2,68 | 3,06 | 3,44 | 3,83 |
| 6 | 0,38 | 0,76 | 1,14 | 1,52 | 1,91 | 2,29 | 2,67 | 3,05 | 3,43 | 3,81 |
| 7 | 0,38 | 0,76 | 1,14 | 1,52 | 1,90 | 2,28 | 2,66 | 3,04 | 3,42 | 3,79 |
| 8 | 0,38 | 0,76 | 1,13 | 1,51 | 1,89 | 2,27 | 2,64 | 3,02 | 3,40 | 3,78 |
| 9 | 0,38 | 0,75 | 1,13 | 1,50 | 1,88 | 2,26 | 2,63 | 3,01 | 3,39 | 3,76 |
| 68,0 | 0,37 | 0,75 | 1,12 | 1,50 | 1,87 | 2,25 | 2,62 | 3,00 | 3,37 | 3,75 |
| 1 | 0,37 | 0,75 | 1,12 | 1,49 | 1,86 | 2,24 | 2,61 | 2,98 | 3,36 | 3,73 |
| 2 | 0,37 | 0,74 | 1,11 | 1,49 | 1,86 | 2,23 | 2,60 | 2,97 | 3,34 | 3,71 |
| 3 | 0,37 | 0,74 | 1,11 | 1,48 | 1,85 | 2,22 | 2,59 | 2,96 | 3,33 | 3,70 |
| 4 | 0,37 | 0,74 | 1,10 | 1,47 | 1,84 | 2,21 | 2,58 | 2,94 | 3,31 | 3,68 |
| 5 | 0,37 | 0,73 | 1,10 | 1,47 | 1,83 | 2,20 | 2,57 | 2,93 | 3,30 | 3,67 |
| 6 | 0,36 | 0,73 | 1,09 | 1,46 | 1,82 | 2,19 | 2,55 | 2,92 | 3,28 | 3,65 |
| 7 | 0,36 | 0,73 | 1,09 | 1,45 | 1,82 | 2,18 | 2,54 | 2,91 | 3,27 | 3,63 |
| 8 | 0,36 | 0,72 | 1,09 | 1,45 | 1,81 | 2,17 | 2,53 | 2,89 | 3,25 | 3,62 |
| 9 | 0,36 | 0,72 | 1,08 | 1,44 | 1,80 | 2,16 | 2,52 | 2,88 | 3,24 | 3,60 |
| 69,0 | 0,36 | 0,72 | 1,08 | 1,43 | 1,79 | 2,15 | 2,51 | 2,87 | 3,23 | 3,58 |
| 1 | 0,36 | 0,71 | 1,07 | 1,43 | 1,78 | 2,14 | 2,50 | 2,85 | 3,21 | 3,57 |
| 2 | 0,36 | 0,71 | 1,07 | 1,42 | 1,78 | 2,13 | 2,49 | 2,84 | 3,20 | 3,55 |
| 3 | 0,35 | 0,71 | 1,06 | 1,41 | 1,77 | 2,12 | 2,47 | 2,83 | 3,18 | 3,53 |
| 4 | 0,35 | 0,70 | 1,06 | 1,41 | 1,76 | 2,11 | 2,46 | 2,81 | 3,17 | 3,52 |
| 5 | 0,35 | 0,70 | 1,05 | 1,40 | 1,75 | 2,10 | 2,45 | 2,80 | 3,15 | 3,50 |
| 6 | 0,35 | 0,70 | 1,05 | 1,39 | 1,74 | 2,09 | 2,44 | 2,79 | 3,14 | 3,49 |
| 7 | 0,35 | 0,69 | 1,04 | 1,39 | 1,73 | 2,08 | 2,43 | 2,78 | 3,12 | 3,47 |
| 8 | 0,35 | 0,69 | 1,04 | 1,38 | 1,73 | 2,07 | 2,42 | 2,76 | 3,11 | 3,45 |
| 9 | 0,34 | 0,69 | 1,03 | 1,37 | 1,72 | 2,06 | 2,41 | 2,75 | 3,09 | 3,44 |

| Neigungs-winkel | Flache Länge | | | | | | | | |
|---|---|---|---|---|---|---|---|---|---|
| | 1 m | 2 m | 3 m | 4 m | 5 m | 6 m | 7 m | 8 m | 9 m | 10 m |
| Grad | Seigerteufe in Metern | | | | | | | | |
| 70,0 | 0,94 | 1,88 | 2,82 | 3,76 | 4,70 | 5,64 | 6,58 | 7,52 | 8,46 | 9,40 |
| 1 | 0,94 | 1,88 | 2,82 | 3,76 | 4,70 | 5,64 | 6,58 | 7,52 | 8,46 | 9,40 |
| 2 | 0,94 | 1,88 | 2,82 | 3,76 | 4,70 | 5,65 | 6,59 | 7,53 | 8,47 | 9,41 |
| 3 | 0,94 | 1,88 | 2,82 | 3,77 | 4,71 | 5,05 | 6,59 | 7,53 | 8,47 | 9,41 |
| 4 | 0,94 | 1,88 | 2,83 | 3,77 | 4,71 | 5,65 | 6,59 | 7,54 | 8,48 | 9,42 |
| 5 | 0,94 | 1,89 | 2,83 | 3,77 | 4,71 | 5,66 | 6,60 | 7,54 | 8,48 | 9,43 |
| 6 | 0,94 | 1,89 | 2,83 | 3,77 | 4,72 | 5,66 | 6,60 | 7,55 | 8,49 | 9,43 |
| 7 | 0,94 | 1,89 | 2,83 | 3,78 | 4,72 | 5,66 | 6,61 | 7,55 | 8,49 | 9,44 |
| 8 | 0,94 | 1,89 | 2,83 | 3,78 | 4,72 | 5,67 | 6,61 | 7,56 | 8,50 | 9,44 |
| 9 | 0,94 | 1,89 | 2,83 | 3,78 | 4,72 | 5,67 | 6,61 | 7,56 | 8,50 | 9,45 |
| 71,0 | 0,95 | 1,89 | 2,84 | 3,78 | 4,73 | 5,67 | 6,62 | 7,56 | 8,51 | 9,46 |
| 1 | 0,95 | 1,89 | 2,84 | 3,78 | 4,73 | 5,68 | 6,62 | 7,57 | 8,51 | 9,46 |
| 2 | 0,95 | 1,89 | 2,84 | 3,79 | 4,73 | 5,68 | 6,63 | 7,57 | 8,52 | 9,47 |
| 3 | 0,95 | 1,89 | 2,84 | 3,79 | 4,74 | 5,68 | 6,63 | 7,58 | 8,52 | 9,47 |
| 4 | 0,95 | 1,90 | 2,84 | 3,79 | 4,74 | 5,69 | 6,63 | 7,58 | 8,53 | 9,48 |
| 5 | 0,95 | 1,90 | 2,84 | 3,79 | 4,74 | 5,69 | 6,64 | 7,59 | 8,53 | 9,48 |
| 6 | 0,95 | 1,90 | 2,85 | 3,80 | 4,74 | 5,69 | 6,64 | 7,59 | 8,54 | 9,49 |
| 7 | 0,95 | 1,90 | 2,85 | 3,80 | 4,75 | 5,70 | 6,65 | 7,60 | 8,54 | 9,49 |
| 8 | 0,95 | 1,90 | 2,85 | 3,80 | 4,75 | 5,70 | 6,65 | 7,60 | 8,55 | 9,50 |
| 9 | 0,95 | 1,90 | 2,85 | 3,80 | 4,75 | 5,70 | 6,65 | 7,60 | 8,55 | 9,51 |
| 72,0 | 0,95 | 1,90 | 2,85 | 3,80 | 4,76 | 5,71 | 6,66 | 7,61 | 8,56 | 9,51 |
| 1 | 0,95 | 1,90 | 2,85 | 3,81 | 4,76 | 5,71 | 6,66 | 7,61 | 8,56 | 9,52 |
| 2 | 0,95 | 1,90 | 2,86 | 3,81 | 4,76 | 5,71 | 6,66 | 7,62 | 8,57 | 9,52 |
| 3 | 0,95 | 1,91 | 2,86 | 3,81 | 4,76 | 5,72 | 6,67 | 7,62 | 8,57 | 9,53 |
| 4 | 0,95 | 1,91 | 2,86 | 3,81 | 4,77 | 5,72 | 6,67 | 7,63 | 8,58 | 9,53 |
| 5 | 0,95 | 1,91 | 2,86 | 3,81 | 4,77 | 5,72 | 6,68 | 7,63 | 8,58 | 9,54 |
| 6 | 0,95 | 1,91 | 2,86 | 3,82 | 4,77 | 5,73 | 6,68 | 7,63 | 8,59 | 9,54 |
| 7 | 0,95 | 1,91 | 2,86 | 3,82 | 4,77 | 5,73 | 6,68 | 7,64 | 8,59 | 9,55 |
| 8 | 0,96 | 1,91 | 2,87 | 3,82 | 4,78 | 5,73 | 6,69 | 7,64 | 8,60 | 9,55 |
| 9 | 0,96 | 1,91 | 2,87 | 3,82 | 4,78 | 5,73 | 6,69 | 7,65 | 8,60 | 9,56 |
| 73,0 | 0,96 | 1,91 | 2,87 | 3,83 | 4,78 | 5,74 | 6,69 | 7,65 | 8,61 | 9,56 |
| 1 | 0,96 | 1,91 | 2,87 | 3,83 | 4,78 | 5,74 | 6,70 | 7,65 | 8,61 | 9,57 |
| 2 | 0,96 | 1,91 | 2,87 | 3,83 | 4,79 | 5,74 | 6,70 | 7,66 | 8,62 | 9,57 |
| 3 | 0,96 | 1,92 | 2,87 | 3,83 | 4,79 | 5,75 | 6,70 | 7,66 | 8,62 | 9,58 |
| 4 | 0,96 | 1,92 | 2,87 | 3,83 | 4,79 | 5,75 | 6,71 | 7,67 | 8,62 | 9,58 |
| 5 | 0,96 | 1,92 | 2,88 | 3,84 | 4,79 | 5,75 | 6,71 | 7,67 | 8,63 | 9,59 |
| 6 | 0,96 | 1,92 | 2,88 | 3,84 | 4,80 | 5,76 | 6,72 | 7,67 | 8,63 | 9,59 |
| 7 | 0,96 | 1,92 | 2,88 | 3,84 | 4,80 | 5,76 | 6,72 | 7,68 | 8,64 | 9,60 |
| 8 | 0,96 | 1,92 | 2,88 | 3,84 | 4,80 | 5,76 | 6,72 | 7,68 | 8,64 | 9,60 |
| 9 | 0,96 | 1,92 | 2,88 | 3,84 | 4,80 | 5,76 | 6,73 | 7,69 | 8,65 | 9,61 |
| 74,0 | 0,96 | 1,92 | 2,88 | 3,85 | 4,81 | 5,77 | 6,73 | 7,69 | 8,65 | 9,61 |
| 1 | 0,96 | 1,92 | 2,89 | 3,85 | 4,81 | 5,77 | 6,73 | 7,69 | 8,66 | 9,62 |
| 2 | 0,96 | 1,92 | 2,89 | 3,85 | 4,81 | 5,77 | 6,74 | 7,70 | 8,66 | 9,62 |
| 3 | 0,96 | 1,93 | 2,89 | 3,85 | 4,81 | 5,78 | 6,74 | 7,70 | 8,66 | 9,63 |
| 4 | 0,96 | 1,93 | 2,89 | 3,85 | 4,82 | 5,78 | 6,74 | 7,71 | 8,67 | 9,63 |
| 5 | 0,96 | 1,93 | 2,89 | 3,85 | 4,82 | 5,78 | 6,75 | 7,71 | 8,67 | 9,64 |
| 6 | 0,96 | 1,93 | 2,89 | 3,86 | 4,82 | 5,78 | 6,75 | 7,71 | 8,68 | 9,64 |
| 7 | 0,96 | 1,93 | 2,89 | 3,86 | 4,82 | 5,79 | 6,75 | 7,72 | 8,68 | 9,65 |
| 8 | 0,97 | 1,93 | 2,90 | 3,86 | 4,83 | 5,79 | 6,76 | 7,72 | 8,69 | 9,65 |
| 9 | 0,97 | 1,93 | 2,90 | 3,86 | 4,83 | 5,79 | 6,76 | 7,72 | 8,69 | 9,65 |

| Nei-gungs-winkel Grad | Flache Länge ||||||||||
|---|---|---|---|---|---|---|---|---|---|---|
| | 1 m | 2 m | 3 m | 4 m | 5 m | 6 m | 7 m | 8 m | 9 m | 10 m |
| | Sohle in Metern ||||||||||
| 70,0 | 0,34 | 0,68 | 1,03 | 1,37 | 1,71 | 2,05 | 2,39 | 2,74 | 3,08 | 3,42 |
| 1 | 0,34 | 0,68 | 1,02 | 1,36 | 1,70 | 2,04 | 2,38 | 2,72 | 3,06 | 3,40 |
| 2 | 0,34 | 0,68 | 1,02 | 1,35 | 1,69 | 2,03 | 2,37 | 2,71 | 3,05 | 3,39 |
| 3 | 0,34 | 0,67 | 1,01 | 1,35 | 1,69 | 2,02 | 2,36 | 2,70 | 3,03 | 3,37 |
| 4 | 0,34 | 0,67 | 1,01 | 1,34 | 1,68 | 2,01 | 2,35 | 2,68 | 3,02 | 3,35 |
| 5 | 0,33 | 0,67 | 1,00 | 1,34 | 1,67 | 2,00 | 2,34 | 2,67 | 3,00 | 3,34 |
| 6 | 0,33 | 0,66 | 1,00 | 1,33 | 1,66 | 1,99 | 2,33 | 2,66 | 2,99 | 3,32 |
| 7 | 0,33 | 0,66 | 0,99 | 1,32 | 1,65 | 1,98 | 2,31 | 2,64 | 2,97 | 3,31 |
| 8 | 0,33 | 0,66 | 0,99 | 1,32 | 1,64 | 1,97 | 2,30 | 2,63 | 2,96 | 3,29 |
| 9 | 0,33 | 0,65 | 0,98 | 1,31 | 1,64 | 1,96 | 2,29 | 2,62 | 2,94 | 3,27 |
| 71,0 | 0,33 | 0,65 | 0,98 | 1,30 | 1,63 | 1,95 | 2,28 | 2,60 | 2,93 | 3,26 |
| 1 | 0,32 | 0,65 | 0,97 | 1,30 | 1,62 | 1,94 | 2,27 | 2,59 | 2,92 | 3,24 |
| 2 | 0,32 | 0,64 | 0,97 | 1,29 | 1,61 | 1,93 | 2,26 | 2,58 | 2,90 | 3,22 |
| 3 | 0,32 | 0,64 | 0,96 | 1,28 | 1,60 | 1,92 | 2,24 | 2,56 | 2,89 | 3,21 |
| 4 | 0,32 | 0,64 | 0,96 | 1,28 | 1,59 | 1,91 | 2,23 | 2,55 | 2,87 | 3,19 |
| 5 | 0,32 | 0,63 | 0,95 | 1,27 | 1,59 | 1,90 | 2,22 | 2,54 | 2,86 | 3,17 |
| 6 | 0,32 | 0,63 | 0,95 | 1,26 | 1,58 | 1,89 | 2,21 | 2,53 | 2,84 | 3,16 |
| 7 | 0,31 | 0,63 | 0,94 | 1,26 | 1,57 | 1,88 | 2,20 | 2,51 | 2,83 | 3,14 |
| 8 | 0,31 | 0,62 | 0,94 | 1,25 | 1,56 | 1,87 | 2,19 | 2,50 | 2,81 | 3,12 |
| 9 | 0,31 | 0,62 | 0,93 | 1,24 | 1,55 | 1,86 | 2,17 | 2,49 | 2,80 | 3,11 |
| 72,0 | 0,31 | 0,62 | 0,93 | 1,24 | 1,55 | 1,85 | 2,16 | 2,47 | 2,78 | 3,09 |
| 1 | 0,31 | 0,61 | 0,92 | 1,23 | 1,54 | 1,84 | 2,15 | 2,46 | 2,77 | 3,07 |
| 2 | 0,31 | 0,61 | 0,92 | 1,22 | 1,53 | 1,83 | 2,14 | 2,45 | 2,75 | 3,06 |
| 3 | 0,30 | 0,61 | 0,91 | 1,22 | 1,52 | 1,82 | 2,13 | 2,43 | 2,74 | 3,04 |
| 4 | 0,30 | 0,60 | 0,91 | 1,21 | 1,51 | 1,81 | 2,12 | 2,42 | 2,72 | 3,02 |
| 5 | 0,30 | 0,60 | 0,90 | 1,20 | 1,50 | 1,80 | 2,10 | 2,41 | 2,71 | 3,01 |
| 6 | 0,30 | 0,60 | 0,90 | 1,20 | 1,50 | 1,79 | 2,09 | 2,39 | 2,69 | 2,99 |
| 7 | 0,30 | 0,59 | 0,89 | 1,19 | 1,49 | 1,78 | 2,08 | 2,38 | 2,68 | 2,97 |
| 8 | 0,30 | 0,59 | 0,89 | 1,18 | 1,48 | 1,77 | 2,07 | 2,37 | 2,66 | 2,96 |
| 9 | 0,29 | 0,59 | 0,88 | 1,18 | 1,47 | 1,76 | 2,06 | 2,35 | 2,65 | 2,94 |
| 73,0 | 0,29 | 0,58 | 0,88 | 1,17 | 1,46 | 1,75 | 2,05 | 2,34 | 2,63 | 2,92 |
| 1 | 0,29 | 0,58 | 0,87 | 1,16 | 1,45 | 1,74 | 2,03 | 2,33 | 2,62 | 2,91 |
| 2 | 0,29 | 0,58 | 0,87 | 1,16 | 1,45 | 1,73 | 2,02 | 2,31 | 2,60 | 2,89 |
| 3 | 0,29 | 0,57 | 0,86 | 1,15 | 1,44 | 1,72 | 2,01 | 2,30 | 2,59 | 2,87 |
| 4 | 0,29 | 0,57 | 0,86 | 1,14 | 1,43 | 1,71 | 2,00 | 2,29 | 2,57 | 2,86 |
| 5 | 0,28 | 0,57 | 0,85 | 1,14 | 1,42 | 1,70 | 1,99 | 2,27 | 2,56 | 2,84 |
| 6 | 0,28 | 0,56 | 0,85 | 1,13 | 1,41 | 1,69 | 1,98 | 2,26 | 2,54 | 2,82 |
| 7 | 0,28 | 0,56 | 0,84 | 1,12 | 1,40 | 1,68 | 1,96 | 2,25 | 2,53 | 2,81 |
| 8 | 0,28 | 0,56 | 0,84 | 1,12 | 1,39 | 1,67 | 1,95 | 2,23 | 2,51 | 2,79 |
| 9 | 0,28 | 0,55 | 0,83 | 1,11 | 1,39 | 1,66 | 1,94 | 2,22 | 2,50 | 2,77 |
| 74,0 | 0,28 | 0,55 | 0,83 | 1,10 | 1,38 | 1,65 | 1,93 | 2,21 | 2,48 | 2,76 |
| 1 | 0,27 | 0,55 | 0,82 | 1,10 | 1,37 | 1,64 | 1,92 | 2,19 | 2,47 | 2,74 |
| 2 | 0,27 | 0,54 | 0,82 | 1,09 | 1,36 | 1,63 | 1,91 | 2,18 | 2,45 | 2,72 |
| 3 | 0,27 | 0,54 | 0,81 | 1,08 | 1,35 | 1,62 | 1,89 | 2,16 | 2,44 | 2,71 |
| 4 | 0,27 | 0,54 | 0,81 | 1,08 | 1,34 | 1,61 | 1,88 | 2,15 | 2,42 | 2,69 |
| 5 | 0,27 | 0,53 | 0,80 | 1,07 | 1,34 | 1,60 | 1,87 | 2,14 | 2,41 | 2,67 |
| 6 | 0,27 | 0,53 | 0,80 | 1,06 | 1,33 | 1,59 | 1,86 | 2,12 | 2,39 | 2,66 |
| 7 | 0,26 | 0,53 | 0,79 | 1,06 | 1,32 | 1,58 | 1,85 | 2,11 | 2,37 | 2,64 |
| 8 | 0,26 | 0,52 | 0,79 | 1,05 | 1,31 | 1,57 | 1,84 | 2,10 | 2,36 | 2,62 |
| 9 | 0,26 | 0,52 | 0,78 | 1,04 | 1,30 | 1,56 | 1,82 | 2,08 | 2,34 | 2,61 |

| Nei-gungs-winkel Grad | Flache Länge ||||||||||
|---|---|---|---|---|---|---|---|---|---|
| | 1 m | 2 m | 3 m | 4 m | 5 m | 6 m | 7 m | 8 m | 9 m | 10 m |
| | Seigerteufe in Metern ||||||||||
| 75,0 | 0,97 | 1,93 | 2,90 | 3,86 | 4,83 | 5,80 | 6,76 | 7,73 | 8,69 | 9,66 |
| 1 | 0,97 | 1,93 | 2,90 | 3,87 | 4,83 | 5,80 | 6,76 | 7,73 | 8,70 | 9,66 |
| 2 | 0,97 | 1,93 | 2,90 | 3,87 | 4,83 | 5,80 | 6,77 | 7,73 | 8,70 | 9,67 |
| 3 | 0,97 | 1,93 | 2,90 | 3,87 | 4,84 | 5,80 | 6,77 | 7,74 | 8,71 | 9,67 |
| 4 | 0,97 | 1,94 | 2,90 | 3,87 | 4,84 | 5,81 | 6,77 | 7,74 | 8,71 | 9,68 |
| 5 | 0,97 | 1,94 | 2,90 | 3,87 | 4,84 | 5,81 | 6,78 | 7,75 | 8,71 | 9,68 |
| 6 | 0,97 | 1,94 | 2,91 | 3,87 | 4,84 | 5,81 | 6,78 | 7,75 | 8,72 | 9,69 |
| 7 | 0,97 | 1,94 | 2,91 | 3,88 | 4,85 | 5,81 | 6,78 | 7,75 | 8,72 | 9,69 |
| 8 | 0,97 | 1,94 | 2,91 | 3,88 | 4,85 | 5,82 | 6,79 | 7,76 | 8,73 | 9,69 |
| 9 | 0,97 | 1,94 | 2,91 | 3,88 | 4,85 | 5,82 | 6,79 | 7,76 | 8,73 | 9,70 |
| 76,0 | 0,97 | 1,94 | 2,91 | 3,88 | 4,85 | 5,82 | 6,79 | 7,76 | 8,73 | 9,70 |
| 1 | 0,97 | 1,94 | 2,91 | 3,88 | 4,85 | 5,82 | 6,80 | 7,77 | 8,74 | 9,71 |
| 2 | 0,97 | 1,94 | 2,91 | 3,88 | 4,86 | 5,83 | 6,80 | 7,77 | 8,74 | 9,71 |
| 3 | 0,97 | 1,94 | 2,91 | 3,89 | 4,86 | 5,83 | 6,80 | 7,77 | 8,74 | 9,72 |
| 4 | 0,97 | 1,94 | 2,92 | 3,89 | 4,86 | 5,83 | 6,80 | 7,78 | 8,75 | 9,72 |
| 5 | 0,97 | 1,94 | 2,92 | 3,89 | 4,86 | 5,83 | 6,81 | 7,78 | 8,75 | 9,72 |
| 6 | 0,97 | 1,95 | 2,92 | 3,89 | 4,86 | 5,84 | 6,81 | 7,78 | 8,75 | 9,73 |
| 7 | 0,97 | 1,95 | 2,92 | 3,89 | 4,87 | 5,84 | 6,81 | 7,79 | 8,76 | 9,73 |
| 8 | 0,97 | 1,95 | 2,92 | 3,89 | 4,87 | 5,84 | 6,82 | 7,79 | 8,76 | 9,74 |
| 9 | 0,97 | 1,95 | 2,92 | 3,90 | 4,87 | 5,84 | 6,82 | 7,79 | 8,77 | 9,74 |
| 77,0 | 0,97 | 1,95 | 2,92 | 3,90 | 4,87 | 5,85 | 6,82 | 7,79 | 8,77 | 9,74 |
| 1 | 0,97 | 1,95 | 2,92 | 3,90 | 4,87 | 5,85 | 6,82 | 7,80 | 8,77 | 9,75 |
| 2 | 0,98 | 1,95 | 2,93 | 3,90 | 4,88 | 5,85 | 6,83 | 7,80 | 8,78 | 9,75 |
| 3 | 0,98 | 1,95 | 2,93 | 3,90 | 4,88 | 5,85 | 6,83 | 7,80 | 8,78 | 9,76 |
| 4 | 0,98 | 1,95 | 2,93 | 3,90 | 4,88 | 5,86 | 6,83 | 7,81 | 8,78 | 9,76 |
| 5 | 0,98 | 1,95 | 2,93 | 3,91 | 4,88 | 5,86 | 6,83 | 7,81 | 8,79 | 9,76 |
| 6 | 0,98 | 1,95 | 2,93 | 3,91 | 4,88 | 5,86 | 6,84 | 7,81 | 8,79 | 9,77 |
| 7 | 0,98 | 1,95 | 2,93 | 3,91 | 4,89 | 5,86 | 6,84 | 7,82 | 8,79 | 9,77 |
| 8 | 0,98 | 1,95 | 2,93 | 3,91 | 4,89 | 5,86 | 6,84 | 7,82 | 8,80 | 9,77 |
| 9 | 0,98 | 1,96 | 2,93 | 3,91 | 4,89 | 5,87 | 6,84 | 7,82 | 8,80 | 9,78 |
| 78,0 | 0,98 | 1,96 | 2,93 | 3,91 | 4,89 | 5,87 | 6,85 | 7,83 | 8,80 | 9,78 |
| 1 | 0,98 | 1,96 | 2,94 | 3,91 | 4,89 | 5,87 | 6,85 | 7,83 | 8,81 | 9,79 |
| 2 | 0,98 | 1,96 | 2,94 | 3,92 | 4,89 | 5,87 | 6,85 | 7,83 | 8,81 | 9,79 |
| 3 | 0,98 | 1,96 | 2,94 | 3,92 | 4,90 | 5,88 | 6,85 | 7,83 | 8,81 | 9,79 |
| 4 | 0,98 | 1,96 | 2,94 | 3,92 | 4,90 | 5,88 | 6,86 | 7,84 | 8,82 | 9,80 |
| 5 | 0,98 | 1,96 | 2,94 | 3,92 | 4,90 | 5,88 | 6,86 | 7,84 | 8,82 | 9,80 |
| 6 | 0,98 | 1,96 | 2,94 | 3,92 | 4,90 | 5,88 | 6,86 | 7,84 | 8,82 | 9,80 |
| 7 | 0,98 | 1,96 | 2,94 | 3,92 | 4,90 | 5,88 | 6,86 | 7,84 | 8,83 | 9,81 |
| 8 | 0,98 | 1,96 | 2,94 | 3,92 | 4,90 | 5,89 | 6,87 | 7,85 | 8,83 | 9,81 |
| 9 | 0,98 | 1,96 | 2,94 | 3,93 | 4,91 | 5,89 | 6,87 | 7,85 | 8,83 | 9,81 |
| 79,0 | 0,98 | 1,96 | 2,94 | 3,93 | 4,91 | 5,89 | 6,87 | 7,85 | 8,83 | 9,82 |
| 1 | 0,98 | 1,96 | 2,95 | 3,93 | 4,91 | 5,89 | 6,87 | 7,86 | 8,84 | 9,82 |
| 2 | 0,98 | 1,96 | 2,95 | 3,93 | 4,91 | 5,89 | 6,88 | 7,86 | 8,84 | 9,82 |
| 3 | 0,98 | 1,97 | 2,95 | 3,93 | 4,91 | 5,90 | 6,88 | 7,86 | 8,84 | 9,83 |
| 4 | 0,98 | 1,97 | 2,95 | 3,93 | 4,91 | 5,90 | 6,88 | 7,86 | 8,85 | 9,83 |
| 5 | 0,98 | 1,97 | 2,95 | 3,93 | 4,92 | 5,90 | 6,88 | 7,87 | 8,85 | 9,83 |
| 6 | 0,98 | 1,97 | 2,95 | 3,93 | 4,92 | 5,90 | 6,89 | 7,87 | 8,85 | 9,84 |
| 7 | 0,98 | 1,97 | 2,95 | 3,94 | 4,92 | 5,90 | 6,89 | 7,87 | 8,85 | 9,84 |
| 8 | 0,98 | 1,97 | 2,95 | 3,94 | 4,92 | 5,91 | 6,89 | 7,87 | 8,86 | 9,84 |
| 9 | 0,98 | 1,97 | 2,95 | 3,94 | 4,92 | 5,91 | 6,89 | 7,88 | 8,86 | 9,85 |

| Neigungs-winkel Grad | Flache Länge — Sohle in Metern ||||||||||
|---|---|---|---|---|---|---|---|---|---|---|
| | 1 m | 2 m | 3 m | 4 m | 5 m | 6 m | 7 m | 8 m | 9 m | 10 m |
| 75,0 | 0,26 | 0,52 | 0,78 | 1,04 | 1,29 | 1,55 | 1,81 | 2,07 | 2,33 | 2,59 |
| 1 | 0,26 | 0,51 | 0,77 | 1,03 | 1,29 | 1,54 | 1,80 | 2,06 | 2,31 | 2,57 |
| 2 | 0,26 | 0,51 | 0,77 | 1,02 | 1,28 | 1,53 | 1,79 | 2,04 | 2,30 | 2,55 |
| 3 | 0,25 | 0,51 | 0,76 | 1,02 | 1,27 | 1,52 | 1,78 | 2,03 | 2,28 | 2,54 |
| 4 | 0,25 | 0,50 | 0,76 | 1,01 | 1,26 | 1,51 | 1,76 | 2,02 | 2,27 | 2,52 |
| 5 | 0,25 | 0,50 | 0,75 | 1,00 | 1,25 | 1,50 | 1,75 | 2,00 | 2,25 | 2,50 |
| 6 | 0,25 | 0,50 | 0,75 | 0,99 | 1,24 | 1,49 | 1,74 | 1,99 | 2,24 | 2,49 |
| 7 | 0,25 | 0,49 | 0,74 | 0,99 | 1,23 | 1,48 | 1,73 | 1,98 | 2,22 | 2,47 |
| 8 | 0,25 | 0,49 | 0,74 | 0,98 | 1,23 | 1,47 | 1,72 | 1,96 | 2,21 | 2,45 |
| 9 | 0,24 | 0,49 | 0,73 | 0,97 | 1,22 | 1,46 | 1,71 | 1,95 | 2,19 | 2,44 |
| 76,0 | 0,24 | 0,48 | 0,73 | 0,97 | 1,21 | 1,45 | 1,69 | 1,94 | 2,18 | 2,42 |
| 1 | 0,24 | 0,48 | 0,72 | 0,96 | 1,20 | 1,44 | 1,68 | 1,92 | 2,16 | 2,40 |
| 2 | 0,24 | 0,48 | 0,72 | 0,95 | 1,19 | 1,43 | 1,67 | 1,91 | 2,15 | 2,39 |
| 3 | 0,24 | 0,47 | 0,71 | 0,95 | 1,18 | 1,42 | 1,66 | 1,89 | 2,13 | 2,37 |
| 4 | 0,24 | 0,47 | 0,71 | 0,94 | 1,18 | 1,41 | 1,65 | 1,88 | 2,12 | 2,35 |
| 5 | 0,23 | 0,47 | 0,70 | 0,93 | 1,17 | 1,40 | 1,63 | 1,87 | 2,10 | 2,33 |
| 6 | 0,23 | 0,46 | 0,70 | 0,93 | 1,16 | 1,39 | 1,62 | 1,85 | 2,09 | 2,32 |
| 7 | 0,23 | 0,46 | 0,69 | 0,92 | 1,15 | 1,38 | 1,61 | 1,84 | 2,07 | 2,30 |
| 8 | 0,23 | 0,46 | 0,69 | 0,91 | 1,14 | 1,37 | 1,60 | 1,83 | 2,06 | 2,28 |
| 9 | 0,23 | 0,45 | 0,68 | 0,91 | 1,13 | 1,36 | 1,59 | 1,81 | 2,04 | 2,27 |
| 77,0 | 0,22 | 0,45 | 0,67 | 0,90 | 1,12 | 1,35 | 1,57 | 1,80 | 2,02 | 2,25 |
| 1 | 0,22 | 0,45 | 0,67 | 0,89 | 1,12 | 1,34 | 1,56 | 1,79 | 2,01 | 2,23 |
| 2 | 0,22 | 0,44 | 0,66 | 0,89 | 1,11 | 1,33 | 1,55 | 1,77 | 1,99 | 2,22 |
| 3 | 0,22 | 0,44 | 0,66 | 0,88 | 1,10 | 1,32 | 1,54 | 1,76 | 1,98 | 2,20 |
| 4 | 0,22 | 0,44 | 0,65 | 0,87 | 1,09 | 1,31 | 1,53 | 1,75 | 1,96 | 2,18 |
| 5 | 0,22 | 0,43 | 0,65 | 0,87 | 1,08 | 1,30 | 1,52 | 1,73 | 1,95 | 2,16 |
| 6 | 0,21 | 0,43 | 0,64 | 0,86 | 1,07 | 1,29 | 1,50 | 1,72 | 1,93 | 2,15 |
| 7 | 0,21 | 0,43 | 0,64 | 0,85 | 1,07 | 1,28 | 1,49 | 1,70 | 1,92 | 2,13 |
| 8 | 0,21 | 0,42 | 0,63 | 0,85 | 1,06 | 1,27 | 1,48 | 1,69 | 1,90 | 2,11 |
| 9 | 0,21 | 0,42 | 0,63 | 0,84 | 1,05 | 1,26 | 1,47 | 1,68 | 1,89 | 2,10 |
| 78,0 | 0,21 | 0,42 | 0,62 | 0,83 | 1,04 | 1,25 | 1,46 | 1,66 | 1,87 | 2,08 |
| 1 | 0,21 | 0,41 | 0,62 | 0,82 | 1,03 | 1,24 | 1,44 | 1,65 | 1,86 | 2,06 |
| 2 | 0,20 | 0,41 | 0,61 | 0,82 | 1,02 | 1,23 | 1,43 | 1,64 | 1,84 | 2,04 |
| 3 | 0,20 | 0,41 | 0,61 | 0,81 | 1,01 | 1,22 | 1,42 | 1,62 | 1,83 | 2,03 |
| 4 | 0,20 | 0,40 | 0,60 | 0,80 | 1,01 | 1,21 | 1,41 | 1,61 | 1,81 | 2,01 |
| 5 | 0,20 | 0,40 | 0,60 | 0,80 | 1,00 | 1,20 | 1,40 | 1,59 | 1,79 | 1,99 |
| 6 | 0,20 | 0,40 | 0,59 | 0,79 | 0,99 | 1,19 | 1,38 | 1,58 | 1,78 | 1,98 |
| 7 | 0,20 | 0,39 | 0,59 | 0,78 | 0,98 | 1,18 | 1,37 | 1,57 | 1,76 | 1,96 |
| 8 | 0,19 | 0,39 | 0,58 | 0,78 | 0,97 | 1,17 | 1,36 | 1,55 | 1,75 | 1,94 |
| 9 | 0,19 | 0,39 | 0,58 | 0,77 | 0,96 | 1,16 | 1,35 | 1,54 | 1,73 | 1,93 |
| 79,0 | 0,19 | 0,38 | 0,57 | 0,76 | 0,95 | 1,14 | 1,34 | 1,53 | 1,72 | 1,91 |
| 1 | 0,19 | 0,38 | 0,57 | 0,76 | 0,95 | 1,13 | 1,32 | 1,51 | 1,70 | 1,89 |
| 2 | 0,19 | 0,37 | 0,56 | 0,75 | 0,94 | 1,12 | 1,31 | 1,50 | 1,69 | 1,87 |
| 3 | 0,19 | 0,37 | 0,56 | 0,74 | 0,93 | 1,11 | 1,30 | 1,49 | 1,67 | 1,86 |
| 4 | 0,18 | 0,37 | 0,55 | 0,74 | 0,92 | 1,10 | 1,29 | 1,47 | 1,66 | 1,84 |
| 5 | 0,18 | 0,36 | 0,55 | 0,73 | 0,91 | 1,09 | 1,28 | 1,46 | 1,64 | 1,82 |
| 6 | 0,18 | 0,36 | 0,54 | 0,72 | 0,90 | 1,08 | 1,26 | 1,44 | 1,62 | 1,81 |
| 7 | 0,18 | 0,36 | 0,54 | 0,72 | 0,89 | 1,07 | 1,25 | 1,43 | 1,61 | 1,79 |
| 8 | 0,18 | 0,35 | 0,53 | 0,71 | 0,89 | 1,06 | 1,24 | 1,42 | 1,59 | 1,77 |
| 9 | 0,18 | 0,35 | 0,53 | 0,70 | 0,88 | 1,05 | 1,23 | 1,40 | 1,58 | 1,75 |

| Neigungswinkel Grad | Flache Länge | | | | | | | | | |
|---|---|---|---|---|---|---|---|---|---|---|
| | 1 m | 2 m | 3 m | 4 m | 5 m | 6 m | 7 m | 8 m | 9 m | 10 m |
| | Seigerteufe in Metern | | | | | | | | | |
| 80,0 | 0,98 | 1,97 | 2,95 | 3,94 | 4,92 | 5,91 | 6,89 | 7,88 | 8,86 | 9,85 |
| 1 | 0,99 | 1,97 | 2,96 | 3,94 | 4,93 | 5,91 | 6,90 | 7,88 | 8,87 | 9,85 |
| 2 | 0,99 | 1,97 | 2,96 | 3,94 | 4,93 | 5,91 | 6,90 | 7,88 | 8,87 | 9,85 |
| 3 | 0,99 | 1,97 | 2,96 | 3,94 | 4,93 | 5,91 | 6,90 | 7,89 | 8,87 | 9,86 |
| 4 | 0,99 | 1,97 | 2,96 | 3,94 | 4,93 | 5,92 | 6,90 | 7,89 | 8,87 | 9,86 |
| 5 | 0,99 | 1,97 | 2,96 | 3,95 | 4,93 | 5,92 | 6,90 | 7,89 | 8,88 | 9,86 |
| 6 | 0,99 | 1,97 | 2,96 | 3,95 | 4,93 | 5,92 | 6,91 | 7,89 | 8,88 | 9,87 |
| 7 | 0,99 | 1,97 | 2,96 | 3,95 | 4,93 | 5,92 | 6,91 | 7,89 | 8,88 | 9,87 |
| 8 | 0,99 | 1,97 | 2,96 | 3,95 | 4,94 | 5,92 | 6,91 | 7,90 | 8,88 | 9,87 |
| 9 | 0,99 | 1,97 | 2,96 | 3,95 | 4,94 | 5,92 | 6,91 | 7,90 | 8,89 | 9,87 |
| 81,0 | 0,99 | 1,98 | 2,96 | 3,95 | 4,94 | 5,93 | 6,91 | 7,90 | 8,89 | 9,88 |
| 1 | 0,99 | 1,98 | 2,96 | 3,95 | 4,94 | 5,93 | 6,92 | 7,90 | 8,89 | 9,88 |
| 2 | 0,99 | 1,98 | 2,96 | 3,95 | 4,94 | 5,93 | 6,92 | 7,91 | 8,89 | 9,88 |
| 3 | 0,99 | 1,98 | 2,97 | 3,95 | 4,94 | 5,93 | 6,92 | 7,91 | 8,90 | 9,88 |
| 4 | 0,99 | 1,98 | 2,97 | 3,96 | 4,94 | 5,93 | 6,92 | 7,91 | 8,90 | 9,89 |
| 5 | 0,99 | 1,98 | 2,97 | 3,96 | 4,95 | 5,93 | 6,92 | 7,91 | 8,90 | 9,89 |
| 6 | 0,99 | 1,98 | 2,97 | 3,96 | 4,95 | 5,94 | 6,92 | 7,91 | 8,90 | 9,89 |
| 7 | 0,99 | 1,98 | 2,97 | 3,96 | 4,95 | 5,94 | 6,93 | 7,92 | 8,91 | 9,90 |
| 8 | 0,99 | 1,98 | 2,97 | 3,96 | 4,95 | 5,94 | 6,93 | 7,92 | 8,91 | 9,90 |
| 9 | 0,99 | 1,98 | 2,97 | 3,96 | 4,95 | 5,94 | 6,93 | 7,92 | 8,91 | 9,90 |
| 82,0 | 0,99 | 1,98 | 2,97 | 3,96 | 4,95 | 5,94 | 6,93 | 7,92 | 8,91 | 9,90 |
| 1 | 0,99 | 1,98 | 2,97 | 3,96 | 4,95 | 5,94 | 6,93 | 7,92 | 8,91 | 9,91 |
| 2 | 0,99 | 1,98 | 2,97 | 3,96 | 4,95 | 5,94 | 6,94 | 7,93 | 8,92 | 9,91 |
| 3 | 0,99 | 1,98 | 2,97 | 3,96 | 4,95 | 5,95 | 6,94 | 7,93 | 8,92 | 9,91 |
| 4 | 0,99 | 1,98 | 2,97 | 3,96 | 4,96 | 5,95 | 6,94 | 7,93 | 8,92 | 9,91 |
| 5 | 0,99 | 1,98 | 2,97 | 3,97 | 4,96 | 5,95 | 6,94 | 7,93 | 8,92 | 9,91 |
| 6 | 0,99 | 1,98 | 2,98 | 3,97 | 4,96 | 5,95 | 6,94 | 7,93 | 8,93 | 9,92 |
| 7 | 0,99 | 1,98 | 2,98 | 3,97 | 4,96 | 5,95 | 6,94 | 7,94 | 8,93 | 9,92 |
| 8 | 0,99 | 1,98 | 2,98 | 3,97 | 4,96 | 5,95 | 6,94 | 7,94 | 8,93 | 9,92 |
| 9 | 0,99 | 1,98 | 2,98 | 3,97 | 4,96 | 5,95 | 6,95 | 7,94 | 8,93 | 9,92 |
| 83,0 | 0,99 | 1,99 | 2,98 | 3,97 | 4,96 | 5,96 | 6,95 | 7,94 | 8,93 | 9,93 |
| 1 | 0,99 | 1,99 | 2,98 | 3,97 | 4,96 | 5,96 | 6,95 | 7,94 | 8,93 | 9,93 |
| 2 | 0,99 | 1,99 | 2,98 | 3,97 | 4,96 | 5,96 | 6,95 | 7,94 | 8,94 | 9,93 |
| 3 | 0,99 | 1,99 | 2,98 | 3,97 | 4,97 | 5,96 | 6,95 | 7,95 | 8,94 | 9,93 |
| 4 | 0,99 | 1,99 | 2,98 | 3,97 | 4,97 | 5,96 | 6,95 | 7,95 | 8,94 | 9,93 |
| 5 | 0,99 | 1,99 | 2,98 | 3,97 | 4,97 | 5,96 | 6,96 | 7,95 | 8,94 | 9,94 |
| 6 | 0,99 | 1,99 | 2,98 | 3,97 | 4,97 | 5,96 | 6,96 | 7,95 | 8,94 | 9,94 |
| 7 | 0,99 | 1,99 | 2,98 | 3,98 | 4,97 | 5,96 | 6,96 | 7,95 | 8,95 | 9,94 |
| 8 | 0,99 | 1,99 | 2,98 | 3,98 | 4,97 | 5,90 | 6,96 | 7,95 | 8,95 | 9,94 |
| 9 | 0,99 | 1,99 | 2,98 | 3,98 | 4,97 | 5,97 | 6,96 | 7,95 | 8,95 | 9,94 |
| 84,0 | 0,99 | 1,99 | 2,98 | 3,98 | 4,97 | 5,97 | 6,96 | 7,96 | 8,95 | 9,95 |
| 1 | 0,99 | 1,99 | 2,98 | 3,98 | 4,97 | 5,97 | 6,96 | 7,96 | 8,95 | 9,95 |
| 2 | 0,99 | 1,99 | 2,98 | 3,98 | 4,97 | 5,97 | 6,96 | 7,96 | 8,95 | 9,95 |
| 3 | 1,00 | 1,99 | 2,99 | 3,98 | 4,98 | 5,97 | 6,97 | 7,96 | 8,96 | 9,95 |
| 4 | 1,00 | 1,99 | 2,99 | 3,98 | 4,98 | 5,97 | 6,97 | 7,96 | 8,96 | 9,95 |
| 5 | 1,00 | 1,99 | 2,99 | 3,98 | 4,98 | 5,97 | 6,97 | 7,96 | 8,96 | 9,95 |
| 6 | 1,00 | 1,99 | 2,99 | 3,98 | 4,98 | 5,97 | 6,97 | 7,96 | 8,96 | 9,96 |
| 7 | 1,00 | 1,99 | 2,99 | 3,98 | 4,98 | 5,97 | 6,97 | 7,97 | 8,96 | 9,96 |
| 8 | 1,00 | 1,99 | 2,99 | 3,98 | 4,98 | 5,98 | 6,97 | 7,97 | 8,96 | 9,96 |
| 9 | 1,00 | 1,99 | 2,99 | 3,98 | 4,98 | 5,98 | 6,97 | 7,97 | 8,96 | 9,96 |

34

| Neigungs-winkel Grad | Flache Länge Sohle in Metern ||||||||||
|---|---|---|---|---|---|---|---|---|---|---|
| | 1 m | 2 m | 3 m | 4 m | 5 m | 6 m | 7 m | 8 m | 9 m | 10 m |
| 80,0 | 0,17 | 0,35 | 0,52 | 0,69 | 0,87 | 1,04 | 1,22 | 1,39 | 1,56 | 1,74 |
| 1 | 0,17 | 0,34 | 0,52 | 0,69 | 0,86 | 1,03 | 1,20 | 1,38 | 1,55 | 1,72 |
| 2 | 0,17 | 0,34 | 0,51 | 0,68 | 0,85 | 1,02 | 1,19 | 1,36 | 1,53 | 1,70 |
| 3 | 0,17 | 0,34 | 0,51 | 0,67 | 0,84 | 1,01 | 1,18 | 1,35 | 1,52 | 1,68 |
| 4 | 0,17 | 0,33 | 0,50 | 0,67 | 0,83 | 1,00 | 1,17 | 1,33 | 1,50 | 1,67 |
| 5 | 0,17 | 0,33 | 0,50 | 0,66 | 0,83 | 0,99 | 1,16 | 1,32 | 1,49 | 1,65 |
| 6 | 0,16 | 0,33 | 0,49 | 0,65 | 0,82 | 0,98 | 1,14 | 1,31 | 1,47 | 1,63 |
| 7 | 0,16 | 0,32 | 0,48 | 0,65 | 0,81 | 0,97 | 1,13 | 1,29 | 1,45 | 1,62 |
| 8 | 0,16 | 0,32 | 0,48 | 0,64 | 0,80 | 0,97 | 1,12 | 1,28 | 1,44 | 1,60 |
| 9 | 0,16 | 0,32 | 0,47 | 0,63 | 0,79 | 0,95 | 1,11 | 1,27 | 1,42 | 1,58 |
| 81,0 | 0,16 | 0,31 | 0,47 | 0,63 | 0,78 | 0,94 | 1,10 | 1,25 | 1,41 | 1,56 |
| 1 | 0,15 | 0,31 | 0,46 | 0,62 | 0,77 | 0,93 | 1,08 | 1,24 | 1,39 | 1,55 |
| 2 | 0,15 | 0,31 | 0,46 | 0,61 | 0,76 | 0,92 | 1,07 | 1,22 | 1,38 | 1 53 |
| 3 | 0,15 | 0,30 | 0,45 | 0,61 | 0,76 | 0,91 | 1,06 | 1,21 | 1,36 | 1,51 |
| 4 | 0,15 | 0,30 | 0,45 | 0,60 | 0,75 | 0,90 | 1,05 | 1,20 | 1,35 | 1,50 |
| 5 | 0,15 | 0,30 | 0,44 | 0,59 | 0,74 | 0,89 | 1,03 | 1,18 | 1,33 | 1,48 |
| 6 | 0,15 | 0,29 | 0,44 | 0,58 | 0,73 | 0,88 | 1,02 | 1,17 | 1,31 | 1,46 |
| 7 | 0,14 | 0,29 | 0,43 | 0,58 | 0,72 | 0,87 | 1,01 | 1,15 | 1,30 | 1,44 |
| 8 | 0,14 | 0,29 | 0,43 | 0,57 | 0,71 | 0,86 | 1,00 | 1,14 | 1,28 | 1,43 |
| 9 | 0,14 | 0,28 | 0,42 | 0,56 | 0,70 | 0,85 | 0,99 | 1,13 | 1,27 | 1,41 |
| 82,0 | 0,14 | 0,28 | 0,42 | 0,56 | 0,70 | 0,84 | 0,97 | 1,11 | 1,25 | 1,39 |
| 1 | 0,14 | 0,27 | 0,41 | 0,55 | 0,69 | 0,82 | 0,96 | 1,10 | 1,24 | 1,37 |
| 2 | 0,14 | 0,27 | 0,41 | 0,54 | 0,68 | 0,81 | 0,95 | 1,09 | 1,22 | 1,36 |
| 3 | 0,13 | 0,27 | 0,40 | 0,54 | 0,67 | 0,80 | 0,94 | 1,07 | 1,21 | 1,34 |
| 4 | 0,13 | 0,26 | 0,40 | 0,53 | 0,66 | 0,79 | 0,93 | 1,06 | 1,19 | 1,32 |
| 5 | 0,13 | 0,26 | 0,39 | 0,52 | 0,65 | 0,78 | 0,91 | 1,04 | 1,17 | 1,31 |
| 6 | 0,13 | 0,26 | 0,39 | 0,52 | 0,64 | 0,77 | 0,90 | 1,03 | 1,16 | 1,29 |
| 7 | 0,13 | 0,25 | 0,38 | 0,51 | 0,64 | 0,76 | 0,89 | 1,02 | 1,14 | 1,27 |
| 8 | 0,13 | 0,25 | 0,38 | 0,50 | 0,63 | 0,75 | 0,88 | 1,00 | 1,13 | 1,25 |
| 9 | 0,12 | 0,25 | 0,37 | 0,49 | 0,62 | 0,74 | 0,87 | 0,99 | 1,11 | 1,24 |
| 83,0 | 0,12 | 0,24 | 0,37 | 0,49 | 0,61 | 0,73 | 0,85 | 0,97 | 1,10 | 1,22 |
| 1 | 0,12 | 0,24 | 0,36 | 0,48 | 0,60 | 0,72 | 0,84 | 0,96 | 1,08 | 1,20 |
| 2 | 0,12 | 0,24 | 0,36 | 0,47 | 0,59 | 0,71 | 0,83 | 0,95 | 1,07 | 1,18 |
| 3 | 0,12 | 0,23 | 0,35 | 0,47 | 0,58 | 0,70 | 0,82 | 0,93 | 1,05 | 1,17 |
| 4 | 0,11 | 0,23 | 0,34 | 0,46 | 0,57 | 0,69 | 0,80 | 0,92 | 1,03 | 1,15 |
| 5 | 0,11 | 0,23 | 0,34 | 0,45 | 0,57 | 0,68 | 0,79 | 0,91 | 1,02 | 1,13 |
| 6 | 0,11 | 0,22 | 0,33 | 0,45 | 0,50 | 0,67 | 0,78 | 0,89 | 1,00 | 1,11 |
| 7 | 0,11 | 0,22 | 0,33 | 0,44 | 0,55 | 0,66 | 0,77 | 0,88 | 0,99 | 1,10 |
| 8 | 0,11 | 0,22 | 0,32 | 0,43 | 0,54 | 0,65 | 0,76 | 0,86 | 0,97 | 1,08 |
| 9 | 0,11 | 0,21 | 0,32 | 0,43 | 0,53 | 0,64 | 0,74 | 0,85 | 0,96 | 1,06 |
| 84,0 | 0,10 | 0,21 | 0,31 | 0,42 | 0,52 | 0,63 | 0,73 | 0,84 | 0,94 | 1,05 |
| 1 | 0,10 | 0,21 | 0,31 | 0,41 | 0,51 | 0,62 | 0,72 | 0,82 | 0,93 | 1,03 |
| 2 | 0,10 | 0,20 | 0,30 | 0,40 | 0,51 | 0,61 | 0,71 | 0,81 | 0,91 | 1,01 |
| 3 | 0,10 | 0,20 | 0,30 | 0,40 | 0,50 | 0,60 | 0,70 | 0,79 | 0,89 | 0,99 |
| 4 | 0,10 | 0,20 | 0,29 | 0,39 | 0,49 | 0,59 | 0,68 | 0,78 | 0,88 | 0,98 |
| 5 | 0,10 | 0,19 | 0,29 | 0,38 | 0,48 | 0,58 | 0,67 | 0,77 | 0,86 | 0,96 |
| 6 | 0,09 | 0,19 | 0,28 | 0,38 | 0,47 | 0,56 | 0,66 | 0,75 | 0,85 | 0,94 |
| 7 | 0,09 | 0,18 | 0,28 | 0,37 | 0,46 | 0,55 | 0,65 | 0,74 | 0,83 | 0,92 |
| 8 | 0,09 | 0,18 | 0,27 | 0,36 | 0,45 | 0,54 | 0,63 | 0,73 | 0,82 | 0,91 |
| 9 | 0,09 | 0,18 | 0,27 | 0,36 | 0,44 | 0,53 | 0,62 | 0,71 | 0,80 | 0,89 |

| Nei-gungs-winkel Grad | Flache Länge ||||||||||
|---|---|---|---|---|---|---|---|---|---|---|
| | 1 m | 2 m | 3 m | 4 m | 5 m | 6 m | 7 m | 8 m | 9 m | 10 m |
| | Seigerteufe in Metern ||||||||||
| 85,0 | 1,00 | 1,99 | 2,99 | 3,98 | 4,98 | 5,98 | 6,97 | 7,97 | 8,97 | 9,96 |
| 1 | 1,00 | 1,99 | 2,99 | 3,99 | 4,98 | 5,98 | 6,97 | 7,97 | 8,97 | 9,96 |
| 2 | 1,00 | 1,99 | 2,99 | 3,99 | 4,98 | 5,98 | 6,98 | 7,97 | 8,97 | 9,96 |
| 3 | 1,00 | 1,99 | 2,99 | 3,99 | 4,98 | 5,98 | 6,98 | 7,97 | 8,97 | 9,97 |
| 4 | 1,00 | 1,99 | 2,99 | 3,99 | 4,98 | 5,98 | 6,98 | 7,97 | 8,97 | 9,97 |
| 5 | 1,00 | 1,99 | 2,99 | 3,99 | 4,98 | 5,98 | 6,98 | 7,98 | 8,97 | 9,97 |
| 6 | 1,00 | 1,99 | 2,99 | 3,99 | 4,99 | 5,98 | 6,98 | 7,98 | 8,97 | 9,97 |
| 7 | 1,00 | 1,99 | 2,99 | 3,99 | 4,99 | 5,98 | 6,98 | 7,98 | 8,97 | 9,97 |
| 8 | 1,00 | 1,99 | 2,99 | 3,99 | 4,99 | 5,98 | 6,98 | 7,98 | 8,98 | 9,97 |
| 9 | 1,00 | 1,99 | 2,99 | 3,99 | 4,99 | 5,98 | 6,98 | 7,98 | 8,98 | 9,97 |
| 86,0 | 1,00 | 2,00 | 2,99 | 3,99 | 4,99 | 5,99 | 6,98 | 7,98 | 8,98 | 9,98 |
| 1 | 1,00 | 2,00 | 2,99 | 3,99 | 4,99 | 5,99 | 6,98 | 7,98 | 8,98 | 9,98 |
| 2 | 1,00 | 2,00 | 2,99 | 3,99 | 4,99 | 5,99 | 6,98 | 7,98 | 8,98 | 9,98 |
| 3 | 1,00 | 2,00 | 2,99 | 3,99 | 4,99 | 5,99 | 6,99 | 7,98 | 8,98 | 9,98 |
| 4 | 1,00 | 2,00 | 2,99 | 3,99 | 4,99 | 5,99 | 6,99 | 7,98 | 8,98 | 9,98 |
| 5 | 1,00 | 2,00 | 2,99 | 3,99 | 4,99 | 5,99 | 6,99 | 7,99 | 8,98 | 9,98 |
| 6 | 1,00 | 2,00 | 2,99 | 3,99 | 4,99 | 5,99 | 6,99 | 7,99 | 8,98 | 9,98 |
| 7 | 1,00 | 2,00 | 3,00 | 3,99 | 4,99 | 5,99 | 6,99 | 7,99 | 8,99 | 9,98 |
| 8 | 1,00 | 2,00 | 3,00 | 3,99 | 4,99 | 5,99 | 6,99 | 7,99 | 8,99 | 9,98 |
| 9 | 1,00 | 2,00 | 3,00 | 3,99 | 4,99 | 5,99 | 6,99 | 7,99 | 8,99 | 9,99 |
| 87,0 | 1,00 | 2,00 | 3,00 | 3,99 | 4,99 | 5,99 | 6,99 | 7,99 | 8,99 | 9,99 |
| 1 | 1,00 | 2,00 | 3,00 | 3,99 | 4,99 | 5,99 | 6,99 | 7,99 | 8,99 | 9,99 |
| 2 | 1,00 | 2,00 | 3,00 | 4,00 | 4,99 | 5,99 | 6,99 | 7,99 | 8,99 | 9,99 |
| 3 | 1,00 | 2,00 | 3,00 | 4,00 | 4,99 | 5,99 | 6,99 | 7,99 | 8,99 | 9,99 |
| 4 | 1,00 | 2,00 | 3,00 | 4,00 | 4,99 | 5,99 | 6,99 | 7,99 | 8,99 | 9,99 |
| 5 | 1,00 | 2,00 | 3,00 | 4,00 | 5,00 | 5,99 | 6,99 | 7,99 | 8,99 | 9,99 |
| 6 | 1,00 | 2,00 | 3,00 | 4,00 | 5,00 | 5,99 | 6,99 | 7,99 | 8,99 | 9,99 |
| 7 | 1,00 | 2,00 | 3,00 | 4,00 | 5,00 | 6,00 | 6,99 | 7,99 | 8,99 | 9,99 |
| 8 | 1,00 | 2,00 | 3,00 | 4,00 | 5,00 | 6,00 | 6,99 | 7,99 | 8,99 | 9,99 |
| 9 | 1,00 | 2,00 | 3,00 | 4,00 | 5,00 | 6,00 | 7,00 | 7,99 | 8,99 | 9,99 |
| 88,0 | 1,00 | 2,00 | 3,00 | 4,00 | 5,00 | 6,00 | 7,00 | 8,00 | 8,99 | 9,99 |
| 1 | 1,00 | 2,00 | 3,00 | 4,00 | 5,00 | 6,00 | 7,00 | 8,00 | 9,00 | 9,99 |
| 2 | 1,00 | 2,00 | 3,00 | 4,00 | 5,00 | 6,00 | 7,00 | 8,00 | 9,00 | 10,00 |
| 3 | 1,00 | 2,00 | 3,00 | 4,00 | 5,00 | 6,00 | 7,00 | 8,00 | 9,00 | 10,00 |
| 4 | 1,00 | 2,00 | 3,00 | 4,00 | 5,00 | 6,00 | 7,00 | 8,00 | 9,00 | 10,00 |
| 5 | 1,00 | 2,00 | 3,00 | 4,00 | 5,00 | 6,00 | 7,00 | 8,00 | 9,00 | 10,00 |
| 6 | 1,00 | 2,00 | 3,00 | 4,00 | 5,00 | 6,00 | 7,00 | 8,00 | 9,00 | 10,00 |
| 7 | 1,00 | 2,00 | 3,00 | 4,00 | 5,00 | 6,00 | 7,00 | 8,00 | 9,00 | 10,00 |
| 8 | 1,00 | 2,00 | 3,00 | 4,00 | 5,00 | 6,00 | 7,00 | 8,00 | 9,00 | 10,00 |
| 9 | 1,00 | 2,00 | 3,00 | 4,00 | 5,00 | 6,00 | 7,00 | 8,00 | 9,00 | 10,00 |
| 89,0 | 1,00 | 2,00 | 3,00 | 4,00 | 5,00 | 6,00 | 7,00 | 8,00 | 9,00 | 10,00 |
| 1 | 1,00 | 2,00 | 3,00 | 4,00 | 5,00 | 6,00 | 7,00 | 8,00 | 9,00 | 10,00 |
| 2 | 1,00 | 2,00 | 3,00 | 4,00 | 5,00 | 6,00 | 7,00 | 8,00 | 9,00 | 10,00 |
| 3 | 1,00 | 2,00 | 3,00 | 4,00 | 5,00 | 6,00 | 7,00 | 8,00 | 9,00 | 10,00 |
| 4 | 1,00 | 2,00 | 3,00 | 4,00 | 5,00 | 6,00 | 7,00 | 8,00 | 9,00 | 10,00 |
| 5 | 1,00 | 2,00 | 3,00 | 4,00 | 5,00 | 6,00 | 7,00 | 8,00 | 9,00 | 10,00 |
| 6 | 1,00 | 2,00 | 3,00 | 4,00 | 5,00 | 6,00 | 7,00 | 8,00 | 9,00 | 10,00 |
| 7 | 1,00 | 2,00 | 3,00 | 4,00 | 5,00 | 6,00 | 7,00 | 8,00 | 9,00 | 10,00 |
| 8 | 1,00 | 2,00 | 3,00 | 4,00 | 5,00 | 6,00 | 7,00 | 8,00 | 9,00 | 10,00 |
| 9 | 1,00 | 2,00 | 3,00 | 4,00 | 5,00 | 6,00 | 7,00 | 8,00 | 9,00 | 10,00 |
| 90,0 | 1,00 | 2,00 | 3,00 | 4,00 | 5,00 | 6,00 | 7,00 | 8,00 | 9,00 | 10,00 |

| Neigungswinkel Grad | Flache Länge / Sohle in Metern ||||||||||
|---|---|---|---|---|---|---|---|---|---|---|
| | 1 m | 2 m | 3 m | 4 m | 5 m | 6 m | 7 m | 8 m | 9 m | 10 m |
| 85,0 | 0,09 | 0,17 | 0,26 | 0,35 | 0,44 | 0,52 | 0,61 | 0,70 | 0,78 | 0,87 |
| 1 | 0,09 | 0,17 | 0,26 | 0,34 | 0,43 | 0,51 | 0,60 | 0,68 | 0,77 | 0,85 |
| 2 | 0,08 | 0,17 | 0,25 | 0,33 | 0,42 | 0,50 | 0,59 | 0,67 | 0,75 | 0,84 |
| 3 | 0,08 | 0,16 | 0,25 | 0,33 | 0,41 | 0,49 | 0,57 | 0,66 | 0,74 | 0,82 |
| 4 | 0,08 | 0,16 | 0,24 | 0,32 | 0,40 | 0,48 | 0,56 | 0,64 | 0,72 | 0,80 |
| 5 | 0,08 | 0,16 | 0,24 | 0,31 | 0,39 | 0,47 | 0,55 | 0,63 | 0,71 | 0,78 |
| 6 | 0,08 | 0,15 | 0,23 | 0,31 | 0,38 | 0,46 | 0,54 | 0,61 | 0,69 | 0,77 |
| 7 | 0,07 | 0,15 | 0,22 | 0,30 | 0,37 | 0,45 | 0,52 | 0,60 | 0,67 | 0,75 |
| 8 | 0,07 | 0,15 | 0,22 | 0,29 | 0,37 | 0,44 | 0,51 | 0,59 | 0,66 | 0,73 |
| 9 | 0,07 | 0,14 | 0,21 | 0,29 | 0,36 | 0,43 | 0,50 | 0,57 | 0,64 | 0,71 |
| 86,0 | 0,07 | 0,14 | 0,21 | 0,28 | 0,35 | 0,42 | 0,49 | 0,56 | 0,63 | 0,70 |
| 1 | 0,07 | 0,14 | 0,20 | 0,27 | 0,34 | 0,41 | 0,48 | 0,54 | 0,61 | 0,68 |
| 2 | 0,07 | 0,13 | 0,20 | 0,27 | 0,33 | 0,40 | 0,46 | 0,53 | 0,60 | 0,66 |
| 3 | 0,06 | 0,13 | 0,19 | 0,26 | 0,32 | 0,39 | 0,45 | 0,52 | 0,58 | 0,65 |
| 4 | 0,06 | 0,13 | 0,19 | 0,25 | 0,31 | 0,38 | 0,44 | 0,50 | 0,57 | 0,63 |
| 5 | 0,06 | 0,12 | 0,18 | 0,24 | 0,31 | 0,37 | 0,43 | 0,49 | 0,55 | 0,61 |
| 6 | 0,06 | 0,12 | 0,18 | 0,24 | 0,30 | 0,36 | 0,42 | 0,47 | 0,53 | 0,59 |
| 7 | 0,06 | 0,12 | 0,17 | 0,23 | 0,29 | 0,35 | 0,40 | 0,46 | 0,52 | 0,58 |
| 8 | 0,06 | 0,11 | 0,17 | 0,22 | 0,28 | 0,33 | 0,39 | 0,45 | 0,50 | 0,56 |
| 9 | 0,05 | 0,11 | 0,16 | 0,22 | 0,27 | 0,32 | 0,38 | 0,43 | 0,49 | 0,54 |
| 87,0 | 0,05 | 0,10 | 0,16 | 0,21 | 0,26 | 0,31 | 0,37 | 0,42 | 0,47 | 0,52 |
| 1 | 0,05 | 0,10 | 0,15 | 0,20 | 0,25 | 0,30 | 0,35 | 0,40 | 0,46 | 0,51 |
| 2 | 0,05 | 0,10 | 0,15 | 0,20 | 0,24 | 0,29 | 0,34 | 0,39 | 0,44 | 0,49 |
| 3 | 0,05 | 0,09 | 0,14 | 0,19 | 0,24 | 0,28 | 0,33 | 0,38 | 0,42 | 0,47 |
| 4 | 0,05 | 0,09 | 0,14 | 0,18 | 0,23 | 0,27 | 0,32 | 0,36 | 0,41 | 0,45 |
| 5 | 0,04 | 0,09 | 0,13 | 0,17 | 0,22 | 0,26 | 0,31 | 0,35 | 0,39 | 0,44 |
| 6 | 0,04 | 0,08 | 0,13 | 0,17 | 0,21 | 0,25 | 0,29 | 0,34 | 0,38 | 0,42 |
| 7 | 0,04 | 0,08 | 0,12 | 0,16 | 0,20 | 0,24 | 0,28 | 0,32 | 0,36 | 0,40 |
| 8 | 0,04 | 0,08 | 0,12 | 0,15 | 0,19 | 0,23 | 0,27 | 0,31 | 0,35 | 0,38 |
| 9 | 0,04 | 0,07 | 0,11 | 0,15 | 0,18 | 0,22 | 0,26 | 0,29 | 0,33 | 0,37 |
| 88,0 | 0,03 | 0,07 | 0,10 | 0,14 | 0,17 | 0,21 | 0,24 | 0,28 | 0,31 | 0,35 |
| 1 | 0,03 | 0,07 | 0,10 | 0,13 | 0,17 | 0,20 | 0,23 | 0,27 | 0,30 | 0,33 |
| 2 | 0,03 | 0,06 | 0,09 | 0,13 | 0,16 | 0,19 | 0,22 | 0,25 | 0,28 | 0,31 |
| 3 | 0,03 | 0,06 | 0,09 | 0,12 | 0,15 | 0,18 | 0,21 | 0,24 | 0,27 | 0,30 |
| 4 | 0,03 | 0,06 | 0,08 | 0,11 | 0,14 | 0,17 | 0,20 | 0,22 | 0,25 | 0,28 |
| 5 | 0,03 | 0,06 | 0,08 | 0,10 | 0,13 | 0,16 | 0,18 | 0,21 | 0,24 | 0,26 |
| 6 | 0,02 | 0,05 | 0,07 | 0,10 | 0,12 | 0,15 | 0,17 | 0,20 | 0,22 | 0,24 |
| 7 | 0,02 | 0,05 | 0,07 | 0,09 | 0,11 | 0,14 | 0,16 | 0,18 | 0,20 | 0,23 |
| 8 | 0,02 | 0,04 | 0,06 | 0,08 | 0,10 | 0,13 | 0,15 | 0,17 | 0,19 | 0,21 |
| 9 | 0,02 | 0,04 | 0,06 | 0,08 | 0,10 | 0,12 | 0,13 | 0,15 | 0,17 | 0,19 |
| 89,0 | 0,02 | 0,03 | 0,05 | 0,07 | 0,09 | 0,10 | 0,12 | 0,14 | 0,16 | 0,17 |
| 1 | 0,02 | 0,03 | 0,05 | 0,06 | 0,08 | 0,09 | 0,11 | 0,13 | 0,14 | 0,16 |
| 2 | 0,01 | 0,03 | 0,04 | 0,06 | 0,07 | 0,08 | 0,10 | 0,11 | 0,13 | 0,14 |
| 3 | 0,01 | 0,02 | 0,04 | 0,05 | 0,06 | 0,07 | 0,09 | 0,10 | 0,11 | 0,12 |
| 4 | 0,01 | 0,02 | 0,03 | 0,04 | 0,05 | 0,06 | 0,07 | 0,08 | 0,09 | 0,10 |
| 5 | 0,01 | 0,02 | 0,03 | 0,03 | 0,04 | 0,05 | 0,06 | 0,07 | 0,08 | 0,09 |
| 6 | 0,01 | 0,01 | 0,02 | 0,03 | 0,03 | 0,04 | 0,05 | 0,06 | 0,06 | 0,07 |
| 7 | 0,01 | 0,01 | 0,02 | 0,02 | 0,03 | 0,03 | 0,04 | 0,04 | 0,05 | 0,05 |
| 8 | 0,00 | 0,01 | 0,01 | 0,01 | 0,02 | 0,02 | 0,02 | 0,03 | 0,03 | 0,03 |
| 9 | 0,00 | 0,00 | 0,01 | 0,01 | 0,01 | 0,01 | 0,01 | 0,01 | 0,02 | 0,02 |
| 90,0 | 0,00 | 0,00 | 0,00 | 0,00 | 0,00 | 0,00 | 0,00 | 0,00 | 0,00 | 0,00 |

Buchdruckerei Wilhelm Stumpf, Kommanditgesellschaft, Bochum.

Verlag von Julius Springer in Berlin W 9

# Einführung in die Markscheidekunde
mit besonderer
Berücksichtigung des Steinkohlenbergbaues

Von

**Dr. L. Mintrop**
Leiter der berggewerkschaftlichen Markscheiderei,
ord. Lehrer an der Bergschule zu Bochum

Zweite, verbesserte Auflage
Unveränderter Neudruck

Mit 191 Figuren und 5 mehrfarbigen Tafeln in Steindruck
Gebunden Preis **M. 42.—**

---

# Beobachtungsbuch für markscheiderische Messungen

Von

**Dr. L. Mintrop**
Leiter der berggewerkschaftlichen Markscheiderei,
ord. Lehrer an der Bergschule zu Bochum

Dritte, verbesserte und vermehrte Auflage

120 Seiten mit 14 Figuren und 11 ausführlichen Messungsbeispielen nebst Erläuterungen

Gebunden Preis **M. 2.—** (und Teuerungszuschläge)

---

Zu beziehen durch jede Buchhandlung.

Verlag von Julius Springer in Berlin W 9

**Mathematische Tafeln für Markscheider und Bergingenieure,** sowie zum Gebrauche für Bergschulen. Von E. Lüling. Mit Textfiguren. Fünfte Auflage.
Gebunden Preis M. 6.— *)

---

**Lehrbuch der Bergbaukunde** mit besonderer Berücksichtigung des Steinkohlenbergbaues. Von Prof. F. Heise (Bochum) und Prof. F. Herbst (Aachen). In 2 Bänden.
I. Band: Gebirgs- und Lagerstättenlehre. Das Aufsuchen der Lagerstätten (Schürf- und Bohrarbeiten). Gewinnungsarbeiten. Die Grubenbaue. Grubenbewetterung. Vierte, verbesserte und vermehrte Auflage. Unter der Presse.
II. Band: Grubenausbau, Schachtabteufen, Förderung und Fahrung, Wasserhaltung, Bekämpfung von Grubenbränden, Atmungsapparate. Zweite, verbesserte und vermehrte Auflage. Mit 596 Textfiguren. Unveränderter Neudruck. Gebunden Preis M. 24,— *)

---

**Kurzer Leitfaden der Bergbaukunde.** Von Prof. F. Heise (Bochum) und Prof. F. Herbst (Aachen). Mit 334 Textfiguren. Gebunden Preis M. 6.— *)

---

**Der Grubenausbau.** Ein Lehrbuch von Bergingenieur Hans Bansen (Tarnowitz). Zweite, vermehrte und verbesserte Auflage. Mit 498 Textfiguren.
Gebunden Preis M. 8.— *)

---

**Physik und Chemie.** Leitfaden für Bergschulen von Dr. H. Winter. Mit 114 Textfiguren und einer farbigen Tafel.
Preis M. 20.—

---

**Leitfaden für Glessereilaboratorien.** Von Prof. Bernhard Osann. Mit 9 Abbildungen im Text.
Gebunden Preis M. 1,60 *)

---

**Lehrbuch der allgemeinen Hüttenkunde.** Von Oberbergrat Prof. Dr. Carl Schnabel (Berlin). Zweite Auflage. Mit 718 Textfiguren. Preis M. 16.—; gebunden M. 17.40 *)

---

*) Hierzu Teuerungszuschläge.

MIX
Papier aus verantwortungsvollen Quellen
Paper from responsible sources
FSC® C105338

If you have any concerns about our products,
you can contact us on
**ProductSafety@springernature.com**

In case Publisher is established outside the EU,
the EU authorized representative is:
**Springer Nature Customer Service Center GmbH
Europaplatz 3, 69115 Heidelberg, Germany**

Printed by Libri Plureos GmbH
in Hamburg, Germany